# HASARD ET CHAOS

David Ruelle

# HASARD ET CHAOS



Odile Jacob

15, rue Soufflot, 75005 Paris

www.odilejacob.fr

ISBN : 978-2-7381-2388-6

ISSN : 1957-9411

# Préface

*Suam habet fortuna rationem*

*Le hasard a sa raison,* dit Pétrone, mais quelle raison ? Et qu'est en fait le hasard ? D'où nous vient-il ? A quel point le futur est-il prévisible ou imprévisible ? A toutes ces questions, la physique et les mathématiques apportent quelques réponses. Des réponses modestes, et parfois incertaines, mais qu'il est bon de connaître. Le présent livre leur est consacré.

Les lois de la physique sont déterministes. Comment donc le hasard peut-il faire irruption dans notre description de l'univers ? De plusieurs manières, comme nous le verrons. Et nous verrons aussi qu'il y a des limites très strictes à nos possibilités de prédire le futur. Je vais donc présenter divers aspects du hasard et des problèmes de prédiction en suivant les idées scientifiques anciennes et nouvelles généralement acceptées, ou acceptables. En particulier, je discuterai avec quelque détail les idées modernes sur le *chaos.* Le style adopté dans ce livre est non technique, et les quelques équations que l'on trouvera peuvent être sautées sans grand inconvénient. La physique et les mathématiques du lycée sont en principe tout ce qu'il faut connaître pour lire les chapitres qui suivent.

Pour ce qui est des notes en fin de volume, certaines sont des remarques sans difficulté, d'autres sont plus techniques et destinées aux collègues scientifiques qui pourraient lire le présent opuscule.

Et puisqu'il est question des chers collègues, je crains que certains d'entre eux ne soient fâchés par la description peu glorieuse que je fais parfois des scientifiques et du monde de la recherche. Mais quoi ? Si la science est la recherche de la vérité, ne faut-il pas aussi être véridique quant à la façon dont la science est faite ?

*Bures-sur-Yvette*
*Automne 1990*

# Remerciements

J'ai, pendant la préparation de ce livre, bénéficié de discussions avec beaucoup de collègues et amis. Marcel Berger, Jean-Claude Deschamps, Jean-Pierre Eckmann, Christiane Frougny, Sheldon Goldstein, Janine et Nicolas Ruelle, et Arthur Wightman ont lu tout ou partie de *Hasard et chaos* et m'ont prodigué leurs conseils (que je n'ai pas toujours suivis). Oscar Lanford a permis la reproduction d'un dessin par ordinateur de l'attracteur de Lorenz. Mme Helga Dernois a dactylographié avec une grande égalité d'âme la version anglaise puis la version française du manuscrit. Qu'ils soient tous remerciés.

# 1

# *Le hasard*

Les ordinateurs feront bientôt concurrence aux mathématiciens et risquent de les mettre pour toujours au chômage. C'est du moins ce que j'affirmais un jour, pour le taquiner, à mon très éminent collègue le mathématicien Pierre Deligne. Il existe déjà, lui disais-je, des machines qui jouent très bien aux échecs. Par ailleurs, le *théorème des quatre couleurs* [1] n'a pu être démontré que moyennant des vérifications faites par ordinateur. Bien sûr, les machines actuelles ne sont encore à l'aise que dans des tâches répétitives et, à vrai dire, assez stupides. Mais rien n'empêche qu'elles deviennent plus souples, qu'elles copient les processus intellectuels de l'homme, avec la vitesse et la sûreté bien plus grandes qui les caractérisent. Ainsi verra-t-on dans cinquante ou cent ans, ou peut-être deux cents, des ordinateurs non seulement aider les mathématiciens dans leurs travaux, mais prendre l'initiative, faire la trouvaille de définitions naturelles et fécondes, puis conjecturer et prouver des théorèmes dont la démonstration dépasse de loin les possibilités humaines. Après tout, notre cerveau a été façonné par la sélection naturelle, non pas en vue des mathématiques, mais pour nous favoriser dans la chasse et la cueillette, la guerre, les relations sociales...

Bien sûr, Pierre Deligne n'a pas manifesté un grand enthousiasme pour cette vision du futur des mathématiques. Il a fini par me dire que ce qui l'intéressait personnellement c'étaient les résultats qu'il pouvait lui-même, et tout seul, comprendre dans leur intégralité. Cela exclut, dit-il, d'une part les résultats prouvés avec l'aide d'un ordinateur, d'autre part les résultats dont la démonstration – œuvre de multiples auteurs – est tellement longue qu'elle dépasse les possibilités de vérification par un seul mathématicien. Il faisait allusion à un théorème fameux, concernant la classification des *groupes finis simples* [2] dont la preuve est constituée de nombreux morceaux et s'étend sur environ cinq mille pages.

On pourrait sans peine, à partir de ce que je viens de raconter, brosser un tableau sinistre de l'état actuel de la science et de son futur. En effet, s'il devient difficile à un mathématicien de dominer seul une question – la démonstration d'un seul théorème – cela est encore bien plus vrai pour ses collègues des autres sciences. Pour des raisons d'efficacité, le chercheur, qu'il soit physicien ou médecin, utilise des outils dont il ne comprend pas le fonctionnement. La science est universelle, mais ses serviteurs sont très spécialisés, et leurs intérêts fréquemment bornés. Sans conteste, le cadre intellectuel et social de la recherche a bien changé depuis ses origines. Ceux qui faisaient la science s'appelaient alors philosophes plutôt que chercheurs, et essayaient d'obtenir une compréhension globale du monde où nous sommes, une vue synthétique de la nature des choses. Il est caractéristique que le grand Newton ait partagé ses efforts entre les mathématiques, la physique, l'alchimie, la théologie, et l'étude de l'histoire en relation avec les prophéties [3]. Avons-nous donc abandonné la quête philosophique qui a donné naissance à la science ?

Nullement. Cette quête philosophique utilise des techniques

nouvelles, mais reste bien au centre des choses ; c'est ce que je vais essayer de montrer dans ce livre. Rien donc, dans ce qui suit, sur les prouesses techniques de la science, rien sur les fusées et les grands accélérateurs de particules. Rien sur les bienfaits de la médecine ou le péril nucléaire. Pas de métaphysique non plus. Je voudrais chausser les lunettes philosophiques d'un honnête homme du XVII$^e$ ou du XVIII$^e$ siècle, et faire une promenade parmi les résultats scientifiques du XX$^e$. Une promenade guidée par *le hasard*. Littéralement, puisque le hasard sera mon fil d'Ariane.

Le hasard, l'incertitude, la Fortune aveugle, voilà des concepts bien négatifs. N'est-ce pas là le domaine des diseuses de bonne aventure plutôt que celui des savants ? L'exploitation scientifique du hasard a commencé, avec Blaise Pascal, Pierre Fermat, Christiaan Huygens et Jacques Bernoulli, par l'analyse des jeux dits de hasard. Cette analyse a donné lieu au *calcul des probabilités*, tenu longtemps pour une branche mineure des mathématiques. Un fait central du calcul des probabilités est que, si l'on joue à pile ou face un grand nombre de fois, alors la proportion de piles (ou de faces) devient voisine de cinquante pour cent. Ainsi, à partir d'une incertitude totale quant au résultat d'un jet de pièce, on arrive à une certitude à peu près complète pour une longue série de jets. Ce passage de l'incertitude à la quasi-certitude, qui se produit si l'on observe de *longues séries* d'événements, ou de *grands systèmes*, est un thème essentiel dans l'étude du hasard.

Vers 1900, beaucoup de physiciens et de chimistes niaient encore que la matière fut composée d'atomes et de molécules. D'autres depuis longtemps acceptaient le fait qu'il y a dans un litre d'air un nombre incroyable de molécules allant dans tous les sens à grande vitesse, et se heurtant dans le plus effroyable désordre. Ce désordre, que l'on a appelé *chaos moléculaire*, c'est somme toute beaucoup de hasard dans un petit volume. Combien de hasard ? La question a un sens, et l'on peut y répondre grâce à la *mécanique statistique*, créée vers 1900 par l'Autrichien Ludwig Boltzmann et l'Américain J. Willard Gibbs. La quantité de hasard présente dans un litre d'air ou un kilo de plomb à une certaine température est mesurée par l'*entropie* de ce litre d'air ou de ce kilo de plomb. On a d'ailleurs les moyens de déterminer maintenant ces entropies avec précision. Voilà donc le hasard domestiqué et rendu indispensable à la compréhension de la matière.

Vous pourriez penser que ce qui est « au hasard » est par là même sans signification. Un peu de réflexion montre qu'il n'en est rien : les groupes sanguins sont distribués au hasard dans la population française, mais il n'est pas sans signification d'être $A^+$ ou $0^-$ en cas de transfusion. La *théorie de l'information*, créée par le mathématicien américain Claude Shannon à la fin des années quarante, permet de mesurer l'information contenue dans des messages qui ont en principe une signification. Nous verrons que l'on définit l'information moyenne d'un message comme égale à la quantité de hasard contenue dans la variété des messages possibles. Ainsi la théorie de l'information s'occupe, comme la mécanique statistique, de mesurer des quantités de hasard, et ces deux théories sont du coup étroitement liées.

Puisque nous parlons de messages significatifs, je voudrais mentionner ici des messages porteurs d'une information particulièrement vitale : ce sont les messages génétiques. Il est bien démontré aujourd'hui que les caractères héréditaires des animaux et des plantes sont transmis par l'ADN des chromosomes. Cet ADN (acide désoxyribonucléique) est aussi présent dans les bactéries et certains virus (il est remplacé dans d'autres virus par l'acide ribonucléique). On a montré que l'ADN est constitué d'une longue chaîne d'éléments appartenant à quatre types, que l'on peut représenter par les lettres A, T, G, C. L'information héréditaire est donc contenue dans de longs messages écrits avec un alphabet de quatre lettres. Lors de la division des cellules, ces messages sont recopiés avec quelques erreurs faites au hasard, erreurs que l'on appelle *mutations*. Les nouvelles cellules, ou les nouveaux individus, sont donc un peu différents de leurs ancêtres, et plus ou moins aptes à survivre et à se reproduire à leur tour. La *sélection naturelle* retient les individus les plus aptes, ou les plus chanceux. Ainsi les problèmes fondamentaux de la vie peuvent être décrits en termes de création et de transmission de messages génétiques en présence de hasard [4]. Les grands problèmes de l'origine de la vie et de l'évolution des espèces ne sont pas résolus pour autant, mais en exprimant ces problèmes en termes de création et de transmission d'information, on arrive à des points de vue très suggestifs, et même à quelques conclusions indiscutables. Nous y reviendrons.

Mais avant d'investiguer le rôle créateur du hasard dans les processus de la vie, je voudrais vous emmener, vous lecteur, pour une assez longue promenade parmi d'autres problèmes. Nous allons parler de mécanique statistique et de théorie de l'information, nous discuterons les problèmes de la turbulence, du chaos, et le rôle du hasard en mécanique quantique et dans la théorie des jeux. Nous digresserons sur le déterminisme historique, les trous noirs, la complexité algorithmique, et bien d'autres choses encore.

Notre longue promenade, nous la ferons aux confins de deux grands territoires intellectuels : d'une part l'austère mathématique et, de l'autre, la physique au sens le plus large, incluant en fait toutes les sciences naturelles. Et nous garderons aussi un œil ouvert sur le fonctionnement de l'esprit humain dans ses efforts, admirables souvent, et souvent pathétiques, pour comprendre la nature des choses. Ainsi, par-delà le problème du hasard, nous essayerons de comprendre un peu l'étonnante relation triangulaire entre l'étrangeté des mathématiques, l'étrangeté du monde physique, et l'étrangeté de notre propre esprit humain. Pour commencer, je voudrais discuter quelques règles du jeu des mathématiques et de la physique.

# 2

## *Mathématique et physique*

Le talent mathématique apparaît souvent de façon précoce. C'est une observation assez commune, et que le grand mathématicien russe Andrei N. Kolmogorov a complétée par une curieuse suggestion. D'après lui, le développement psychologique normal d'une personne s'arrête précisément au moment où éclot le talent mathématique. Ainsi Kolmogorov s'attribuait à lui-même un âge mental de douze ans. Il n'en donnait que huit à son compatriote Ivan M. Vinogradov qui fut, pendant longtemps, un membre puissant et redouté de l'Académie des sciences d'URSS. Les huit ans de l'académicien Vinogradov étaient, d'après Kolmogorov, « l'âge où les gamins arrachent les ailes des papillons, et attachent de vieilles casseroles à la queue des chats ».

Il ne serait sans doute pas difficile de trouver des contre-exemples à la théorie de Kolmogorov [1], mais il est remarquable qu'elle soit si souvent correcte. Le cas extrême d'un collègue me vient à l'esprit : son âge mental se situe vers six ans, ce qui pose certains problèmes pratiques, en particulier quand il doit voyager seul. Ce collègue fonctionne assez bien comme mathématicien, mais je pense qu'il ne pourrait pas survivre dans la communauté un peu plus agressive des physiciens.

Qu'est-ce qui fait de la mathématique un domaine si particulier et si différent des autres sciences ? Le point de départ d'une théorie mathématique est constitué de quelques *assertions de base* portant sur un certain nombre *d'objets mathématiques* (qui sont, en fait, des mots ou d'autres expressions symboliques). A partir des assertions de base, on essaye, par pure logique, de déduire de nouvelles assertions baptisées *théorèmes*. Les mots utilisés en mathématique peuvent être familiers comme *point et espace*, mais il est important de ne pas trop se fier à l'intuition ordinaire que l'on a de ces choses, et d'utiliser en fait uniquement les assertions de base données au départ. Il serait par ailleurs entièrement acceptable qu'au lieu de « point » et « espace » vous disiez « chaise » et « table », et cela pourrait même être avantageux ; les mathématiciens ne répugnent pas à faire de telles traductions. Vu ainsi, le travail mathématique ressemble à un exercice de grammaire avec des règles extrêmement strictes. Partant des assertions de base qu'il a choisies, le mathématicien construit une chaîne de nouvelles assertions, jusqu'à ce qu'il en trouve une particulièrement jolie. Ses collègues, appelés à admirer l'assertion nouvellement engendrée, diront alors : « Quel beau théorème ! » La chaîne d'assertions intermédiaires constitue la *démonstration* du théorème, mais un théorème d'énoncé simple et concis requiert souvent une démonstration extraordinairement longue. La *longueur des démonstrations* est ce qui rend la mathématique intéressante, et elle constitue un fait d'une importance philosophique fondamentale. A cette question de longueur des démonstrations se rattachent le problème de la complexité algorithmique ainsi que le théorème de Gödel ; nous reviendrons là-dessus dans des chapitres ultérieurs [2].

Parce qu'elles sont longues, les démonstrations mathématiques sont difficiles à inventer. Il faut construire, sans jamais se tromper, de longs enchaînements d'assertions, et surtout y voir clair. Y voir clair, cela veut dire deviner ce qui est vrai et ce qui est faux, ce qui est utile et ce qui ne l'est pas, sentir quelles sont les bonnes définitions à introduire, et trouver les assertions-clefs qui permettront de développer une théorie de manière naturelle.

Il ne faudrait d'ailleurs pas croire que le jeu mathématique est arbitraire et gratuit. Les diverses théories mathématiques ont entre elles de nombreuses relations : les objets d'une théorie peuvent être réinterprétés dans une autre théorie, ce qui conduit à des points de vue nouveaux et fructueux. Plutôt qu'une collection de théories séparées, comme la théorie des ensembles, la topologie et l'algèbre, chacune avec ses assertions de base particulières, la mathématique forme un tout cohérent. Et c'est pour exprimer cette unité des théories que beaucoup de mathématiciens préfèrent dire « la mathématique » plutôt que « les mathématiques ». La mathématique est donc un vaste royaume, et ce royaume appartient à ceux qui y voient clair. Le *voyant,* celui qui a l'*intuition* et la puissance mathématique, en éprouve un grand sentiment de supériorité à l'égard de ses contemporains aveugles : le même sentiment de supériorité qu'a le pilote d'avion sur les « rampants » ou la danseuse étoile à l'égard des petites bourgeoises bouffies de graisse.

Le mathématicien – le vrai – investit beaucoup dans son art : c'est une sorte de yoga exigeant, ascétique même. Les concepts et les relations étranges occupent la pensée verbale ou non, consciente ou non. (Henri Poincaré a insisté sur le rôle de l'inconscient dans la découverte mathématique [3], et l'observation de ce rôle est assez commune.) Ainsi, l'envahissement de l'intellect par la floraison de la pensée mathématique et l'étrangeté de cette pensée font du mathématicien un être un peu à part et l'on conçoit que, comme l'affirme Kolmogorov, son développement psychologique normal s'en trouve arrêté.

Et qu'en est-il des physiciens ? Mathématiciens et physiciens se comportent souvent comme des frères ennemis et aiment à exagérer leurs différences. Or la physique s'exprime en langage mathématique, comme l'a déjà écrit Galilée [4], et un physicien théoricien est toujours d'une certaine manière un mathématicien. Archimède, Newton et bien d'autres ont d'ailleurs brillé à la fois en physique et en mathématique. La physique, en fait, est à la fois intimement liée à la mathématique, et profondément différente. C'est ce que je vais maintenant essayer de montrer.

L'objet de la physique est d'expliquer le monde qui nous entoure. Typiquement, le physicien n'essaye pas de tout comprendre d'un seul coup, mais s'attaque à un *morceau de réalité* à la fois. Il procède par *idéalisation* de ce morceau de réalité, et tente de le décrire par une théorie mathématique. Donc, pour commencer, il délimite un ensemble de phénomènes, et définit *opérationnellement* des concepts physiques. Le cadre physique étant ainsi précisé, il doit encore choisir une théorie mathématique et établir une correspondance entre les objets de cette théorie mathématique et les concepts physiques [5]. C'est cette correspondance qui constitue une *théorie physique.* Bien sûr, la théorie physique est d'autant meilleure que la correspondance entre grandeurs physiques et grandeurs mathématiques est précise, et que l'ensemble des phénomènes décrits est vaste. Cependant, la difficulté des problèmes mathématiques à résoudre joue aussi un rôle et les physiciens se contenteront en général d'une théorie simplifiée si sa précision est suffisante pour une application donnée.

Il faut se rendre compte que la définition opérationnelle d'un concept physique n'est pas une définition formelle. Les progrès de notre compréhension des phénomènes nous permettent de mieux analyser les définitions opérationnelles, mais celles-ci restent moins précises que la théorie mathématique à laquelle on les relie. Si par exemple vous décrivez des expériences de chimie, vous pourrez demander que les produits utilisés soient *raisonnablement purs,* et dans certains cas vous imposerez des limites strictes à la présence de certaines impuretés. Mais si vous insistiez pour connaître à l'avance la quantité précise de toutes les impuretés concevables, vous ne feriez jamais aucune expérience. L'étude de la physique nous confronte à ce fait paradoxal que nous avons moins de contrôle sur un objet physique que l'on peut tenir en main que sur un objet mathématique sans existence matérielle. Et cela irrite énormément certaines personnes qui, pour cette raison, s'adonneront à l'étude mathématique plutôt qu'à la physique.

Un modeste exemple de théorie physique est ce que j'appellerai la *théorie du jeu de dés.* Le morceau de réalité que l'on voudrait comprendre est ce que l'on observe quand on joue aux dés. Un concept opérationnellement défini dans la théorie du jeu de dés est le concept *d'indépendance :* si l'on a bien secoué les dés entre deux jets successifs, on dit qu'ils sont indépendants. Et voici un exemple de prédiction de la théorie : pour un grand nombre de jets indépendants de deux dés, le total sera 3 (donc 1 pour un dé, 2 pour l'autre) dans environ un cas sur 18.

Résumons-nous. En collant une théorie mathématique sur un morceau de réalité, nous obtenons une théorie physique. Il existe un grand nombre de telles théories couvrant diverses classes de phénomènes. Et même pour rendre compte d'un phénomène donné, on dispose en général de plusieurs théories différentes. Le passage de l'une à l'autre donne lieu au mieux à des *approximations* (en général non contrôlées), au pis à de sérieux casse-tête logiques quand les concepts physiques d'une théorie ne concordent pas avec ceux de l'autre. En fait, sauter d'une théorie à une autre est une partie importante de l'art du physicien. Les professionnels diront qu'ils regardent des « corrections quantiques » ou une « limite non relativiste », ou bien ils ne diront rien du tout parce que « le contexte » indique le point de vue adopté. Dans ces conditions, le discours physique apparaît souvent comme confus ou incohérent. Comment les physiciens s'y retrouvent-ils ?

Avant de répondre à cette question, j'aimerais faire remarquer que l'on dit « la physique » et non « les physiques », alors qu'il n'est pas sûr si l'on doit dire « la mathématique » ou « les mathématiques ». La physique tire son unité fondamentale du fait qu'elle décrit l'univers physique unique dans lequel nous vivons. L'unité de la mathématique tient aux relations logiques qui existent entre différentes théories mathématiques. Les théories physiques, par contre, n'ont pas besoin d'être logiquement cohérentes ; elles doivent leur unité à ce qu'elles décrivent une seule et même réalité physique. Le physicien n'a, normalement, guère de doutes existentiels sur la réalité qu'il essaye de décrire. Souvent il aura besoin, pour représenter un ensemble de phénomènes, de plusieurs théories logiquement incompatibles. Cette incohérence le chagrinera sans doute, mais pas au point qu'il se débarrasse de l'une ou l'autre des théories incompatibles. Il les gardera tout au moins jusqu'à ce qu'il ait trouvé une théorie meilleure, qui rende compte de manière unifiée de tous les faits observés.

Un dernier mot de mise en garde. Ne nous embarquons pas dans de grandes discussions générales et abstraites sur le caractère « déterministe » ou « probabiliste » de la physique, son caractère « local » ou non, et ainsi de suite. Il faut toujours préciser la théorie physique que l'on considère et de quelle manière le déterminisme, le hasard ou la localité sont introduits dans cette théorie. Toute discussion physique pertinente demande un cadre opérationnel. Celui-ci peut être fourni par une théorie existante. Sinon, il faut le donner par la description suffisamment explicite d'expériences qui soient, au moins en principe, réalisables.

# 3

## *Probabilités*

L'interprétation scientifique du hasard commence par l'introduction des *probabilités.* Comme toujours lorsque l'on veut codifier une idée « intuitivement claire », il faut faire preuve de beaucoup de circonspection. Voyons de quoi il s'agit.

« Il y a neuf chances sur dix pour qu'il pleuve cet après-midi, donc je prends mon parapluie. » Ce genre de raisonnement qui fait appel à une probabilité est d'usage constant quand on doit prendre une décision. La probabilité qu'il pleuve est estimée à 9/10, ou quatre-vingt-dix pour cent, ou encore 0,9. D'une manière générale, les probabilités sont comptées de zéro à cent pour cent ou, en termes plus mathématiques, de 0 à 1. La probabilité 0 (zéro pour cent) correspond à un événement impossible, et la probabilité 1 (cent pour cent) à un événement certain. Une probabilité qui n'est ni 0 ni 1 correspond à un événement incertain, mais pour lequel notre ignorance n'est pas totale. Ainsi, un événement dont la probabilité est de 0,000001 (une chance sur un million) est très improbable.

Le succès de ce que nous entreprenons dépend de circonstances dont certaines sont assurées et d'autres aléatoires. Il est important d'estimer correctement les probabilités de ces dernières, et par conséquent d'édifier une *théorie physique des probabilités.* J'insiste sur l'adjectif *physique,* car il faut non seulement pouvoir calculer des probabilités, mais encore pouvoir les comparer opérationnellement avec la réalité. Si l'on néglige ce rapport avec la réalité, on risque de s'empêtrer dans d'inextricables paradoxes. Il faut donc être un peu prudent quand on affirme par exemple que « la probabilité qu'il pleuve cet après-midi est 0,9 ». La signification opérationnelle de cette affirmation n'est pas très claire, c'est le moins qu'on puisse dire, et son statut reste donc pour l'instant un peu douteux.

Prenons l'affirmation : « quand je jette une pièce de monnaie en l'air, la probabilité qu'elle retombe du côté face est de 0,5 ». Voilà qui paraît raisonnable, tout au moins avant le jet de la pièce, mais c'est évidemment faux une fois que la pièce est retombée, puisque toute incertitude est alors levée. A quel moment la pièce décide-t-elle de tomber d'un côté plutôt que de l'autre ? Si nous nous plaçons dans le cadre du déterminisme classique, l'état de l'univers à un instant détermine son état à tout instant ultérieur. Donc le côté duquel tombera la pièce est déterminé au moment de la création de l'univers ! Faut-il donc abandonner les probabilités ? Ou faut-il faire appel à la mécanique quantique pour pouvoir en parler ? A mon sens, c'est mettre la charrue devant les bœufs. Ce n'est pas ainsi qu'on fait de la physique. Introduisons d'abord les probabilités dans un cadre aussi peu restrictif que possible, sans parler de mécanique classique ou quantique. Définissons les concepts mathématiques et le cadre opérationnel des probabilités. Ensuite nous pourrons discuter de leurs rapports avec le déterminisme, la mécanique quantique, etc.

La position philosophique que je veux défendre quant à l'introduction des probabilités est donc la suivante. Pour diverses classes de phénomènes (ce que j'ai appelé des *mor-*

*ceaux de réalité*), il existe des idéalisations qui font intervenir des probabilités. On s'intéresse à ces idéalisations parce qu'elles sont *utiles :* il peut être utile de savoir qu'une pièce jetée en l'air retombera pile ou face avec des probabilités égales. Il peut être utile de savoir que, si vous jetez une pièce vingt fois, il y a moins d'une chance sur un million qu'elle retombe chaque fois côté face. Les probabilités remplacent donc l'incertitude totale par quelque chose d'un peu plus substantiel. Il faut maintenant donner à ce *quelque chose* une structure logique et opérationnelle cohérente.

Si vous n'êtes pas familier avec la théorie des probabilités (ou avec la science « dure » en général), vous pourrez trouver le reste de ce chapitre un peu rébarbatif. Mais ne décrochez pas pour autant ! Ce que je veux faire, c'est esquisser un exemple de théorie physique : concepts physiques opérationnellement définis, théorie mathématique, et relation entre les concepts physiques et mathématiques. L'exemple que je veux décrire est celui de la *théorie physique des probabilités.* C'est, à tous égards, un exemple très simple de théorie physique.

La théorie des probabilités jongle avec des affirmations du type

$$\text{proba}(\text{« A »}) = 0{,}9$$

c'est-à-dire : la probabilité de l'événement « A » est de quatre-vingt-dix pour cent. Du point de vue mathématique, l'événement « A » est simplement un symbole à manipuler en accord avec certaines règles. Dans le cadre d'une idéalisation physique, l'événement « A » est réellement un événement comme « il pleuvra cet après-midi », à définir opérationnellement. (Par exemple, je décide que je me promènerai dehors cet après-midi, et s'il pleut je m'en rendrai compte. Comme d'habitude en physique, cette définition n'est pas tout à fait précise : il se pourrait que je sois écrasé par une voiture avant la fin de l'après-midi, ce qui mettrait fin à mes observations météorologiques.)

L'événement « non A » est, du point de vue mathématique, simplement un nouvel assemblage de symboles. Dans toutes les idéalisations physiques que nous considérerons, l'événement « non A » correspond à ce que l'événement « A » ne se réalise pas. Dans l'exemple ci-dessus, « non A » veut dire « il ne pleuvra pas cet après-midi ».

Introduisons maintenant, en plus de « A », un nouvel événement : l'événement « B ». Du point de vue mathématique, cela nous permettra de nouveaux assemblages de symboles : « A ou B » et « A et B », qui sont encore des événements. Dans une idéalisation physique, « B » pourrait signifier par exemple « il y aura de la neige, mais pas de pluie cet après-midi » ou « la tartine que je laisse tomber atterrira sur le côté confiture ». L'événement « A ou B » correspond à ce que soit « A », soit « B », soit « A » et « B » se réalisent. L'événement « A et B » correspond à ce que « A » et « B » se réalisent tous les deux.

Nous pouvons maintenant compléter notre présentation mathématique des probabilités par trois assertions ou règles de base :

(1) Proba (« non A ») = 1 − proba (« A »)
(2) Si « A » et « B » sont *incompatibles*, alors
proba (« A ou B ») = proba (« A ») + proba (« B »)
(3) Si « A » et « B » sont *indépendants*, alors
proba (« A et B ») = proba (« A ») × proba (« B »)

Nous discuterons ces trois règles en détail un peu plus tard, mais notons qu'elles contiennent les termes nouveaux et non définis d'événements *incompatibles* et d'événements *indépendants*. Dans un traité de calcul des probabilités, on introduirait à ce point quelques règles sur l'usage de *non*, *et* et *ou*, et des concepts mathématiques d'événements incompatibles ou indépendants. On ajouterait aussi une ou deux assertions de base concernant les ensembles infinis d'événements. Nous négligerons ces détails, importants certes, mais pas essentiels pour ce que nous voulons faire.

Nous venons d'expédier – de manière sommaire, mais non pas incorrecte – les fondements mathématiques du calcul des probabilités [1]. Il nous reste la tâche également importante de préciser maintenant le cadre *physique* des probabilités. Ou plutôt *les* cadres physiques, car les probabilités interviennent dans des situations assez différentes, de sorte que la définition opérationnelle des concepts doit se faire cas par cas. Nous nous contenterons ici d'indications générales, quitte à revenir plus tard sur des problèmes particuliers.

Dans les idéalisations physiques on dit que deux événements sont *incompatibles* s'ils ne peuvent pas se produire en même temps. Supposons que les événements « A » et « B » sont respectivement « il pleuvra cet après-midi » et « il y aura de la neige, mais pas de pluie cet après-midi ». Alors « A » et « B » sont incompatibles et la règle (2) dit que leurs probabilités s'ajoutent : quatre-vingt-dix pour cent de chances de pluie plus cinq pour cent de chances de neige sans pluie donnent quatre-vingt-quinze pour cent de chances de pluie ou de neige, ce qui est intuitivement satisfaisant.

Deux événements sont dits *indépendants* s'ils n'ont « rien à voir » l'un avec l'autre, c'est-à-dire si le fait que l'un se produise ou pas n'a en moyenne pas d'influence sur la réalisation de l'autre. Supposons que les événements « A » et « B » sont respectivement « il pleuvra cet après-midi » et « la tartine que je laisse tomber atterrira sur le côté confiture ». J'estime que ces deux événements n'ont rien à voir l'un avec l'autre, qu'ils sont sans relations, indépendants. Par application de la règle (3), leurs probabilités doivent donc se multiplier : probabilité 0,9 qu'il pleuve, fois probabilité 0,5 que la tartine tombe confiture vers le bas, donne une probabilité 0,45 que ces événements se produisent tous les deux. Intuitivement, c'est satisfaisant : il y a quatre-vingt-dix chances sur cent qu'il pleuve, dans la moitié des cas ma tartine tombera confiture vers le bas, il y a donc une probabilité de quarante-cinq pour cent d'avoir à la fois de la pluie dehors et de la confiture sur le plancher [2].

Nous avons ainsi vérifié que les règles (2) et (3) sont intuitivement satisfaisantes. Quant à la règle (1), elle dit simplement que si la probabilité qu'il pleuve est de quatre-vingt-dix pour cent, la probabilité qu'il ne pleuve pas est alors de dix pour cent, ce qui n'est guère critiquable.

Clairement, la notion la plus délicate parmi celles que nous venons de discuter est la notion d'indépendance. L'expérience et le bon sens suggèrent que certains événements sont indépendants, mais on peut avoir des surprises. Il faut donc vérifier que les probabilités d'événements supposés indépendants se multiplient bien comme le dit la règle (3). Il faut aussi être très scrupuleux dans le respect des définitions opérationnelles. Ainsi quand on joue aux dés, il faut bien secouer les dés dans le cornet entre deux jets successifs pour que ces jets puissent être considérés comme indépendants.

Fort bien. Nous savons maintenant comment jongler avec les probabilités, mais nous n'avons pas dit à quoi elles correspondent opérationnellement ! Voici donc la règle pour déterminer la probabilité de l'événement « A » : vous faites un grand nombre d'expériences indépendantes en vous plaçant dans les conditions où « A » peut se produire, et vous observez dans quelle proportion des cas l'événement « A » se produit effectivement. Cette proportion est la probabilité de « A ». (Pour le mathématicien, le « grand nombre » d'expériences est un nombre que l'on fait tendre vers l'infini.) Par exemple, si l'on jette une pièce en l'air un grand nombre de fois, elle tombera « pile » dans environ la moitié des cas, ce qui correspond à une probabilité de 0,5.

Ayant donné cette belle définition opérationnelle, on peut se demander ce que l'on entend par la probabilité de l'événement « il pleuvra cet après-midi ». En effet il est difficile de répéter « cet après-midi » indépendamment un grand nombre de fois ! Certains puristes diront que la probabilité en question n'a pas de sens. On peut cependant lui en donner un, par exemple en faisant un grand nombre de simulations numériques sur ordinateur (compatibles avec ce que l'on sait de la situation météo) et en voyant quel est le pourcentage de cas où la simulation donne de la pluie. Si l'on trouve une probabilité de quatre-vingt-dix pour cent qu'il pleuve, même les puristes prendront leur parapluie.

# 4

## *Loteries et horoscopes*

J'ai introduit les probabilités au chapitre précédent avec des règles mathématiques de base, des définitions opérationnelles, etc., bref tout un luxe de précautions qui n'étaient peut-être pas indispensables. Après tout, on peut résumer ce que j'ai dit à fort peu de choses : les probabilités d'événements incompatibles s'ajoutent (pour donner la probabilité de l'événement « A ou B »), les probabilités d'événements indépendants se multiplient (pour donner la probabilité de l'événement « A et B »), la proportion des cas où un événement se réalise (dans un grand nombre d'essais indépendants) est la probabilité de cet événement. Si l'on y réfléchit un peu, tout cela est intuitivement clair et ne devrait pas donner lieu à controverse. Pourtant, quand on voit le succès des loteries et des horoscopes, par exemple, on mesure combien le comportement de beaucoup de gens diffère, en ce qui concerne les probabilités, de ce qui est scientifiquement raisonnable.

Les loteries sont une forme de taxation librement consentie des couches les moins favorisées de la société. L'usager achète, pour pas très cher, un peu d'espoir de devenir riche. Mais la probabilité de gagner le gros lot est très faible : c'est le genre de probabilités que l'on néglige habituellement (comme celle de recevoir sur le crâne un objet meurtrier quand on marche dans la rue). En fait les gains, petits ou grands, ne compensent pas en moyenne le prix des billets, et le calcul des probabilités montre que l'on est pratiquement sûr de perdre de l'argent si l'on joue régulièrement. Prenons l'exemple d'une loterie un peu simplifiée où la probabilité de gagner est de dix pour cent et où l'on gagne cinq fois la mise. Sur un grand nombre de tirages, la proportion des fois où l'on gagne est voisine de 1/10, et comme on gagne cinq fois la mise, le gain total est d'environ la moitié de la dépense totale. Donc plus on achète de billets, plus on perd de l'argent, et cela reste vrai pour des loteries plus compliquées, puisque toutes les loteries sont faites pour plumer le joueur au bénéfice de l'organisateur [1].

Je voudrais maintenant parler d'horoscopes, et j'aurai besoin pour cela d'une assertion du calcul des probabilités, qui n'est à vrai dire qu'une reformulation de la règle (3) du chapitre précédent. Voici cette assertion :

(4) Si « A » et « B » sont indépendants, alors
proba (« B », sachant que « A » est réalisé) = proba (« B »)

Autrement dit, le fait de savoir que « A » se réalise ne nous donne aucune information sur « B », dont la probabilité reste égale à proba (« B »). Cela correspond bien à la notion intuitive d'événements indépendants. Quand des événements ne sont pas indépendants, on dit qu'il y a entre eux des corrélations, ou qu'ils sont corrélés. La règle (4) est justifiée, pour le bénéfice du lecteur intéressé, dans la note [2].

Nous pouvons discuter maintenant le problème des horoscopes qui est plus subtil, et plus intéressant, que le problème des loteries, car on ne voit pas immédiatement ici où sont les probabilités. Typiquement, l'horoscope vous affirme que, si vous êtes Lion, la configuration des planètes vous est favorable cette semaine, et que vous aurez de la chance en amour et au jeu. Ou bien, si vous êtes Poissons, il vous faut à tout prix éviter les voyages, rester à la maison et soigner votre petite santé. A cela les astronomes et les physiciens objectent que « X est Lion » et « X gagnera au jeu cette semaine » sont des événements indépendants. De même pour « X est Poissons » et « X aura des ennuis s'il (ou si elle) voyage cette semaine ». En fait on peut difficilement imaginer plus beaux exemples de choses qui n'ont rien à voir l'une avec l'autre et qui sont donc indépendantes au sens de la théorie des probabilités. Nous pouvons par conséquent appliquer la règle (4) ci-dessus, et en déduire que la probabilité pour X de gagner au jeu est la même, que X soit Lion ou non. Par ailleurs, les dangers du voyage sont les mêmes pour un Poissons ou pour tout autre signe du zodiaque. Les horoscopes sont donc parfaitement inutiles.

L'affaire est-elle jugée ? Pas encore, car les tenants de l'astrologie nieront précisément que « X est Lion » et « X gagnera au jeu cette semaine » sont des événements indépendants ; ils pourront citer une liste d'astronomes illustres qui furent aussi astrologues : Hipparque, Ptolémée et Kepler, par exemple. La meilleure façon de trancher le débat est donc expérimentale : trouve-t-on des corrélations significatives entre les horoscopes et la réalité ? La réponse est négative et discrédite totalement l'astrologie. Cependant, il faut bien dire que le discrédit de l'astrologie dans les milieux scientifiques a une autre cause : la science a changé notre compréhension de l'univers, de sorte que des corrélations qui étaient concevables dans l'antiquité sont devenues incompatibles avec nos connaissances actuelles sur la structure de l'univers et la nature des lois physiques. L'astrologie et les horoscopes pouvaient trouver leur place dans la science de l'antiquité, mais n'entrent plus dans le cadre de la science d'aujourd'hui.

La situation n'est pourtant pas très simple, et mérite une discussion sérieuse. A cause des forces (de gravitation universelle), qui existent entre tous les corps, Vénus, Mars,

Jupiter et Saturne exercent des effets sur notre bonne vieille Terre. De toute évidence ces effets sont faibles, et l'on pourrait supposer que leur influence sur le cours des affaires humaines est complètement négligeable. *C'est faux !* En effet, certains phénomènes physiques, comme ceux de la météorologie, présentent une grande sensibilité aux perturbations, de sorte qu'une cause infime a des conséquences importantes au bout de quelque temps. On peut donc concevoir que la présence de Vénus, ou de toute autre planète, modifie l'évolution météorologique avec pour nous des conséquences non négligeables. Comme nous le verrons, les spécialistes estiment qu'il en est bien ainsi, et que le fait qu'il pleuve ou pas cet après-midi dépend, parmi bien d'autres choses, de l'influence gravitationnelle de Vénus il y a quelques semaines ! D'ailleurs les mêmes arguments qui disent que Vénus a un effet sur la météorologie nous interdisent précisément de savoir quel est cet effet. En d'autres termes, le fait qu'il pleuve cet après-midi et le fait que Vénus soit ici ou là restent des événements indépendants au sens de la théorie des probabilités. Tout ceci est bien en accord avec le bon sens, mais est un peu plus subtil qu'on ne pourrait l'imaginer naïvement (voir la discussion dans la note [3]).

Poursuivons notre analyse. La météorologie mise à part, n'y a-t-il pas d'effet que les astres puissent avoir sur nos affaires et où leur rôle serait plus directif ? Imaginons un astronome un peu dérangé qui, sur la base de ses observations de Vénus, se livrerait à des crimes sadiques : voilà qui donnerait lieu à des corrélations intéressantes avec certains horoscopes ! La suggestion n'est pas totalement absurde : les anciens Mayas, grands observateurs du cycle de Vénus, étaient friands aussi de sacrifices humains. (Ils ouvraient la poitrine de leurs victimes avec un couteau de silex et leur arrachaient le cœur, qu'ils brûlaient ensuite.) Donc, l'intervention de l'intelligence humaine fournit un mécanisme qui peut introduire des corrélations entre des « événements » qui n'ont en principe rien à voir les uns avec les autres. Comment savoir alors quels événements sont réellement indépendants ?

Le fait est que le physicien contemporain a le bénéfice d'une connaissance fort détaillée de l'univers et des lois qui le régissent. Il a donc des idées assez précises sur les corrélations qui peuvent exister. Il sait par exemple que la vitesse d'une réaction chimique peut être influencée considérablement par des traces d'impuretés, mais non par la phase de la lune. Dans les cas douteux, il vérifiera. Les corrélations, d'ailleurs assez inattendues, qui peuvent être causées par des agents intelligents sont, elles aussi, susceptibles d'analyse.

« Si vous êtes Lion, vous aurez de la chance au jeu et en amour cette semaine. » Qu'en est-il donc des corrélations entre le cycle de Vénus et la vie privée de X, lecteur ou lectrice d'horoscope ? Comme nous l'avons vu, de telles corrélations ne sont pas impossibles dans la mesure où elles font intervenir un agent intelligent (prêtre maya ou astronome fou). Pour le reste, on peut les exclure. Les anciens avaient peuplé l'univers d'un grand nombre d'« agents intelligents » – dieux, démons ou lutins – dont la science a fait une hécatombe. Les dieux sont morts... et les interventions humaines ne peuvent augmenter la « chance au jeu » de X (la tricherie n'est pas admise). On peut donc affirmer que d'être Lion et d'avoir de la chance au jeu cette semaine sont bien des événements indépendants, et les statistiques le confirment. Qu'en est-il de la chance en amour ? Ici, une intervention humaine est non seulement possible mais assurée : celle de X, même s'il est (ou si elle est) un peu crédule. Car nous sommes ainsi faits que de croire que nous avons de la « chance en amour » cette semaine augmente notre confiance et donc, en fait, notre chance.

De toute évidence, nos décisions sont souvent irrationnelles, basées sur des coïncidences fortuites que nous érigeons en « signes » ou oracles. Ce comportement irrationnel est loin d'être toujours nuisible : éviter de passer sous une échelle, c'est de la superstition, mais aussi de la prudence. D'ailleurs la théorie des jeux montre qu'il est avantageux de prendre certaines décisions de manière erratique. Enfin, il est illusoire de penser que nous pourrions décider rationnellement de chacune de nos actions.

Pourtant, des idées correctes sur les probabilités permettent d'éviter certaines grosses bêtises. On est peiné de voir les gens qui peuvent le moins se le permettre perdre leur argent au Loto. Pour les horoscopes, j'avoue en lire de loin en loin avec plaisir. Il y a presque de la poésie dans ces prédictions de voyages lointains, de rencontres romantiques, d'héritages fabuleux... et ces prophéties sont assez innocentes si l'on n'y croit pas trop. Par ailleurs, on peut s'indigner quand on voit que certaines entreprises décident sur horoscope l'embauche de leurs employés. Il y a là plus que de la bêtise : cette discrimination « astrale » constitue une malhonnêteté.

# 5

## *Le déterminisme classique*

L'écoulement du *temps* est un aspect essentiel de notre perception du monde. Nous avons vu que le *hasard* est un autre aspect essentiel de notre perception du monde. Comment ces deux aspects s'articulent-ils ? Avant de jeter en l'air une pièce de monnaie, je puis estimer que les probabilités qu'elle tombe pile ou face sont égales à cinquante pour cent chacune. Ensuite je jette la pièce et elle tombe, disons, pile. A quel moment la pièce a-t-elle décidé de tomber pile ? Nous nous sommes déjà posé cette question, et la réponse n'est pas très facile : nous nous trouvons devant un de ces « morceaux de réalité » décrits par plusieurs théories physiques différentes, et la connexion entre ces différentes théories est un peu laborieuse. Nous avons déjà discuté la théorie qui décrit le hasard : c'est la théorie physique des probabilités. Pour la description du temps, les choses commencent à se compliquer, car nous avons au moins deux théories différentes à notre disposition : la mécanique *classique* et la mécanique *quantique.*

Nous allons pour un moment oublier notre jeu de pile ou

face, et parler de mécanique. L'ambition de la mécanique – qu'elle soit classique ou quantique – est de dire comment l'univers évolue au cours du temps. La mécanique doit donc décrire le mouvement des planètes autour du soleil, et le mouvement des électrons autour du noyau d'un atome. Mais tandis que la mécanique classique donne d'excellents résultats pour les grands objets, elle est inadéquate au niveau de l'atome et doit être remplacée par la mécanique quantique. La mécanique quantique est donc plus correcte que la mécanique classique, mais elle est aussi plus difficile à manier. D'ailleurs ni la mécanique classique ni la quantique ne s'appliquent aux objets dont la vitesse est proche de la vitesse de la lumière : il faut dans ce cas faire appel à la relativité d'Einstein (relativité restreinte, ou relativité générale si l'on veut décrire aussi la gravitation).

Mais, direz-vous, pourquoi nous arrêter à la mécanique classique ou quantique ? Ne vaut-il pas mieux nous occuper de la *vraie* mécanique, celle qui unifie tous les effets quantiques ou relativistes ? Après tout, c'est l'univers tel qu'il est réellement qui nous intéresse plutôt que telle ou telle idéalisation classique ou quantique. La question est importante, et mérite qu'on s'y attarde un peu. Tout d'abord, il faut remarquer que la *vraie mécanique* n'est pas à notre disposition : nous n'avons pas à ce jour de théorie unifiée qui rende compte de tout ce que nous savons sur le monde physique (relativité, quanta, propriétés des particules élémentaires, et gravitation). L'espoir de tout physicien est de voir un jour une telle théorie en action, mais nous n'en sommes pas là. Même si l'une des nombreuses théories déjà proposées se révèle être la bonne, elle n'est pas pour le moment « en action » au sens où elle rendrait compte des masses des particules élémentaires, de leurs interactions, etc. Nous sommes donc bien obligés d'utiliser une mécanique un peu approximative. Dans le présent chapitre nous utiliserons la mécanique classique. Nous verrons dans un chapitre ultérieur que la mécanique quantique utilise des concepts physiques moins faciles à appréhender intuitivement ; la discussion des rapports de la mécanique quantique avec le hasard sera d'autant plus malaisée. Tout semble indiquer que la *vraie mécanique* utilisera des concepts physiques très peu intuitifs : c'est une raison de plus d'utiliser la mécanique classique – aux concepts physiques familiers – pour investiguer l'articulation du hasard et du temps.

Nous avons vu que l'ambition de la mécanique était de dire comment l'univers évolue au cours du temps. Entre autres choses, la mécanique veut décrire la révolution des planètes autour du soleil, la manière dont se déplace un véhicule spatial sous l'impulsion de fusées, et la façon dont s'écoule un fluide visqueux. En bref, on veut décrire l'*évolution temporelle* des systèmes physiques. C'est Newton qui, le premier, a bien compris comment on peut le faire. Utilisant un langage plus moderne que celui de Newton, nous dirons que l'*état* d'un système à un instant donné, c'est l'ensemble des positions et des vitesses des points matériels qui constituent le système. Il faut donc se donner les positions et les vitesses des planètes, ou du véhicule spatial dont nous nous occupons, ou les positions et vitesses des points d'un fluide visqueux en train de s'écouler. (Dans ce dernier cas il y a une infinité de points, donc aussi de positions et de vitesses.)

D'après la mécanique de Newton, quand on connaît l'état d'un système physique (positions et vitesses) à un instant donné – que nous appellerons instant initial –, on peut déduire son état à tout autre instant. Je vais esquisser la façon dont on y arrive, et qui fait intervenir un concept nouveau : celui de *forces* agissant sur le système. Pour un système donné, les forces sont à chaque instant déterminées par l'état du système à cet instant. Par exemple, la force d'attraction gravitationnelle entre deux corps célestes est inversement proportionnelle au carré de leur distance. Newton indique aussi comment la variation de l'état d'un système au cours du temps est déterminée par les forces qui agissent sur ce système. (Cela est exprimé de manière précise par l'équation de Newton [1].) Connaissant l'état d'un système à l'instant initial, on peut donc calculer comment cet état varie au cours du temps et par conséquent, comme annoncé, déterminer l'état du système à tout autre instant.

Je viens de présenter en quelques mots ce grand monument de la pensée universelle qu'est la mécanique newtonienne, que l'on appelle maintenant aussi la mécanique classique. Bien sûr, une étude sérieuse de cette mécanique requiert des outils mathématiques qui ne peuvent être présentés ici. Mais même sans entrer dans les détails mathématiques, nous pouvons faire quelques remarques intéressantes sur la théorie de Newton. Notons d'abord qu'elle a choqué beaucoup de ses contemporains. Descartes en particulier ne pouvait admettre l'idée de « forces à distance » entre les astres, idée qu'il jugeait absurde et irrationnelle. Alors que, pour Newton, la physique consistait à coller une théorie mathématique sur un morceau de réalité, de manière à rendre compte des observations, Descartes trouvait un tel schéma trop lâche. Il aurait voulu une explication *mécaniste,* admettant des forces de contact comme celle d'une roue dentée en entraînant une autre, mais pas de forces à distance. L'évolution de la physique a donné raison à Newton plutôt qu'à Descartes. Qu'aurait d'ailleurs pensé ce dernier de la mécanique quantique où l'on ne peut simultanément spécifier la position et la vitesse d'une particule ?

Mais revenons à la mécanique newtonienne et à l'image complètement déterministe qu'elle donne du monde : si l'on connaît l'état de l'univers à un instant initial (d'ailleurs arbitraire), on peut déterminer son état à tout autre moment. Laplace a donné au déterminisme une formulation élégante et célèbre que je reproduis ici [2] :

« Une intelligence qui, pour un instant donné, connaîtrait toutes les forces dont la nature est animée, et la situation respective des êtres qui la composent, si d'ailleurs elle était assez vaste pour soumettre ces données à l'analyse, embrasserait dans la même formule les mouvements des plus grands corps de l'univers et ceux du plus léger atome : rien ne serait incertain pour elle, et l'avenir comme le passé serait présent à ses yeux. L'esprit humain offre, dans la perfection qu'il a su donner à l'astronomie, une faible esquisse de cette intelligence. »

Cette citation de Laplace a un parfum quasi théologique et suscite en tout cas diverses questions. Quelle place le déterminisme laisse-t-il au libre arbitre de l'homme ? Quelle place laisse-t-il au hasard ? Nous ne voulons pas éluder complètement le problème du libre arbitre, mais nous l'examinerons un peu plus tard. Occupons-nous pour l'instant du hasard.

A vue de nez, le déterminisme laplacien ne laisse aucune place au hasard : si je jette en l'air une pièce de monnaie, les lois de la mécanique classique déterminent en principe avec certitude si elle tombera pile ou face. Comme le hasard et les probabilités jouent en pratique un rôle important dans notre compréhension de la nature, on peut être tenté de rejeter le déterminisme. En fait, comme nous allons le voir, le dilemme hasard/déterminisme est largement un faux problème. Je vais maintenant indiquer brièvement comment y échapper, laissant aux chapitres suivants une étude plus détaillée.

D'abord, il n'y a pas incompatibilité logique entre hasard et déterminisme puisque l'état d'un système à l'instant initial, au lieu d'être fixé de manière précise, peut être distribué suivant une certaine loi de hasard. S'il en est ainsi, à tout autre instant le système aura aussi une distribution au hasard, et cette distribution pourra être déduite de la distribution au moment initial, grâce aux lois de la mécanique. En pratique, l'état d'un système à l'instant initial n'est jamais connu avec une précision parfaite, c'est-à-dire que l'on admet toujours un petit peu de hasard pour l'état initial du système. Nous verrons que ce petit peu de hasard à l'instant initial peut donner beaucoup de hasard (ou beaucoup d'indétermination) à un moment ultérieur. On voit ainsi que, en pratique, le déterminisme n'exclut pas le hasard. Tout au plus peut-on dire que – si on le désire – on peut présenter la mécanique classique sans jamais parler de hasard. Nous verrons plus tard que ce n'est plus vrai pour la mécanique quantique. Ainsi deux idéalisations différentes de la réalité peuvent diverger très fort du point de vue conceptuel, même si leurs prédictions sont pratiquement identiques pour une large classe de phénomènes.

Les relations entre hasard et déterminisme ont fait l'objet de nombreuses discussions, et récemment d'une controverse animée entre René Thom et Ilya Prigogine [3]. Les opinions philosophiques de ces deux auteurs sont en violent conflit, mais il faut bien voir que leurs divergences de vues ne s'étendent pas aux détails de phénomènes observables. (Le contraire eût été peut-être plus intéressant.) Notons l'affirmation de Thom que, puisque la nature de la science est de formuler des lois, toute étude scientifique de l'évolution de l'univers débouchera nécessairement sur une formulation déterministe. Remarquons cependant qu'il ne s'agit peut-être pas du déterminisme de Laplace, mais par exemple de lois « déterministes » gouvernant l'évolution de distributions de probabilités : on n'échappe pas facilement au hasard ! La remarque de Thom est cependant importante pour le problème du libre arbitre en relation avec le dilemme hasard/déterminisme. Ce que Thom nous dit c'est, somme toute, qu'on ne peut espérer résoudre le problème du libre arbitre par le choix d'une mécanique plutôt qu'une autre, puisque toute mécanique est par essence déterministe.

Me voilà donc amené à aborder la question épineuse du libre arbitre. Et pour commencer, je voudrais présenter brièvement le point de vue défendu sur ce sujet par Erwin Schrödinger, un des fondateurs de la mécanique quantique [4]. Le rôle laissé au hasard en mécanique quantique a suscité l'espoir, note Schrödinger, que cette nouvelle mécanique serait plus en accord que le déterminisme laplacien avec nos idées sur le libre arbitre. Un tel espoir, dit-il, est fallacieux. D'abord, remarque Schrödinger, le libre arbitre des *autres* ne fait pas problème ; il n'est pas gênant de voir une explication déterministe à toutes *leurs* décisions. Ce qui crée des difficultés, c'est la contradiction apparente entre le déterminisme et *notre* libre arbitre, caractérisé introspectivement par le fait que *plusieurs possibilités* sont ouvertes et que nous engageons notre *responsabilité* en en choisissant une. L'introduction du hasard dans les lois physiques ne nous aide aucunement à résoudre cette contradiction, car peut-on dire que nous engageons notre responsabilité en faisant un choix au hasard ? La liberté de notre choix est d'ailleurs souvent illusoire. Si vous assistez, dit Schrödinger, à un dîner formel, avec des personnalités importantes et ennuyeuses, vous pouvez songer à sauter sur la table et à danser en cassant les verres et la vaisselle mais vous ne le ferez pas, et l'on ne peut pas parler ici d'exercice du libre arbitre. Dans d'autres cas, un choix est réellement fait, responsable, douloureux peut-être : un tel choix n'a certainement pas les caractéristiques du hasard. En conclusion, le hasard ne nous aide pas à comprendre le libre arbitre, et Schrödinger affirme qu'il ne voit pas de contradiction entre le libre arbitre et le déterminisme de la mécanique, qu'elle soit classique ou quantique.

Lié au libre arbitre est le vieux problème théologique de la *prédestination.* Dieu a-t-il décidé à l'avance quelles âmes seraient sauvées et quelles âmes seraient damnées ? La question est d'une grande importance pour les religions chrétiennes. Ce qui est ici opposé au libre arbitre humain n'est pas le déterminisme de la mécanique, mais l'omniscience et l'omnipotence de Dieu. Rejeter la prédestination paraît limiter les pouvoirs du Tout-Puissant, mais l'accepter semble rendre futile tout effort moral. La doctrine de la prédestination a été défendue par saint Augustin (354-430), par saint Thomas d'Aquin (1225-1274), par le réformateur protestant Jean Calvin (1509-1564), et par les jansénistes du XVIIe siècle. L'église catholique, officiellement, est restée prudente, et a évité de trancher en faveur des vues les plus radicales sur la prédestination. Et maintenant les discussions sur la prédestination, qui furent jadis si centrales à la vie intellectuelle, nous paraissent lointaines. Les sables de l'oubli recouvrent à présent les milliers de pages de disputes théologiques en latin médiéval. Les anciens problèmes n'ont pas été résolus, mais leur sens se dissipe, ils sont oubliés, ils disparaissent...

Mes propres vues sur le libre arbitre sont liées à des problèmes de *calculabilité* que nous discuterons dans des chapitres ultérieurs. Essayons de résoudre le paradoxe suivant : quelqu'un, que nous appellerons le *prédicteur,* utilise le déterminisme des lois physiques pour prédire le futur, et ensuite utilise son libre arbitre pour contredire ses propres prédictions. C'est un paradoxe qui se manifeste de manière aiguë dans certains romans de science-fiction où le prédicteur est capable d'analyser le futur avec une incroyable précision. Comment résoudre ce paradoxe ? Nous pouvons abandonner soit le déterminisme, soit le libre arbitre, mais il existe une troisième possibilité : nous pouvons nier que quiconque ait assez de puissance prédictive pour créer un paradoxe. Notons que notre prédicteur doit violer ses propres prédictions à propos d'un certain système, mais que, pour agir sur ce système, il doit en faire lui-même partie. Ceci implique que le système est sans doute assez compliqué. Mais alors la prédiction précise du futur du système risque de requérir une énorme puissance de calcul, dépassant ainsi les possibilités de notre prédicteur. Le raisonnement que je viens de présenter est, je l'admets, un peu sommaire. Mais je crois qu'il identifie la raison (ou une des raisons) pour laquelle nous ne pouvons contrôler le futur. Le théorème d'incomplétude de Gödel se réfère à une situation semblable (mais dans un cadre beaucoup mieux précisé). Là aussi, l'analyse d'un paradoxe permet de montrer qu'on ne peut décider si certaines assertions sont vraies ou fausses, parce que la tâche d'arriver à une décision est impossiblement longue. En bref, ce qui explique notre libre arbitre, et ce qui en fait une notion utile, c'est la complexité de l'univers ou, plus précisément, notre propre complexité.

# 6

# *Jeux*

Les dés normaux ont 6 faces équivalentes numérotées de 1 à 6. Pour obtenir des chiffres au hasard, il serait pratique d'avoir des dés à 10 faces équivalentes numérotées de 0 à 9. En fait, il n'existe pas de polyèdre régulier à 10 faces, mais il y en a un à 20 faces (l'icosaèdre) et l'on peut inscrire le même chiffre sur des faces opposées. Un jet de ce dé produira un chiffre de 0 à 9, et chaque chiffre a la même probabilité 1/10 d'apparaître. On peut d'ailleurs s'arranger pour que les jets successifs soient indépendants, et obtenir de cette manière une suite de chiffres aléatoires indépendants. La théorie probabiliste de ce jeu de dés nous permet de calculer diverses probabilités ainsi que nous l'avons vu précédemment. Par exemple, la probabilité que la somme de trois chiffres successifs soit 2 est de 6/1 000 [1].

Tout cela n'est guère excitant, et vous serez peut-être surpris d'apprendre qu'il existe des listes imprimées de « nombres aléatoires », c'est-à-dire des listes de chiffres comme ci-dessus. Par exemple 7213773850327333562180647... Il semblerait qu'une telle liste constitue une possession remarquablement inutile. Mais la petite excursion que nous allons maintenant faire dans la *théorie des jeux* nous prouvera précisément le contraire.

Voici un jeu bien connu. J'ai une bille que je place (derrière mon dos) dans la main gauche ou droite. Ensuite je vous montre mes deux poings et vous devez deviner dans lequel la bille est cachée. Nous répétons le jeu un certain nombre de fois, en notant les résultats. A la fin nous comptons combien de fois vous avez gagné ou perdu, et nous réglons la différence en argent, bière, ou autrement. Je suppose que nous essayons tous deux de gagner, et que tous deux nous sommes extrêmement astucieux. Si je mets toujours la bille dans la même main, ou si j'alterne régulièrement, vous vous en rendrez bientôt compte et vous gagnerez. En fait, vous finirez par percer toute stratégie que je pourrais appliquer mécaniquement. Cela veut-il dire que vous gagnerez nécessairement toujours ? Non ! Si je mets la bille au hasard dans chaque main avec probabilité 1/2, et si mes choix successifs sont indépendants, vous ferez un choix correct à peu près une fois sur deux, et en moyenne vous ne gagnerez ni ne perdrez.

Le fait que votre choix sera correct à peu près une fois sur deux (c'est-à-dire avec probabilité 1/2) est assez clair. Cela résulte de ce que votre choix, et le choix de la main où j'ai mis la bille, sont des *événements indépendants.* Notons qu'il ne suffit pas que je mette la bille dans ma main gauche ou droite « plus ou moins au hasard ». Toute préférence pour une main ou toute corrélation entre les choix successifs seront utilisées contre moi, et vous permettront de gagner à la longue.

Évidemment, si je suis très astucieux, je pourrai vous induire à faire de mauvais choix, et vous faire perdre. Mais vous éviterez facilement cette situation en faisant vos choix au hasard.

La question se pose maintenant de savoir comment je vais faire des choix successifs indépendants de main gauche ou droite avec probabilité 1/2. Eh bien, si j'ai une liste de nombres aléatoires, je peux décider qu'un chiffre pair correspond à la main droite, un chiffre impair à la main gauche, et le tour sera joué. Il faut cependant ne pas oublier une chose essentielle : mon choix de main et le vôtre doivent être des événements indépendants. Vous ne devez donc pas avoir connaissance de la liste de nombres aléatoires que j'utilise, et je ne dois vous donner aucune indication sur la main dans laquelle je place la bille. En particulier, je ne dois émettre aucun message télépathique qui pourrait vous aider dans vos choix. Pour ce qui est de ce dernier point, des expériences ont été faites (du type, précisément, du jeu dont nous nous occupons) et elles ne sont pas favorables à l'existence de la télépathie.

En fin de compte, une liste privée de nombres aléatoires semble donc être une possession utile. Reste à savoir comment se procurer une telle liste ; nous reviendrons sur ce problème. Mais pour l'instant nous allons regarder de plus près la théorie des jeux.

L'utilité d'un comportement aléatoire dans certains jeux (ou situations de conflit) est une observation importante du point de vue tant pratique que philosophique. (Cette observation est due au mathématicien français Émile Borel, et au Hongrois-Américain Johann von Neumann.) Évidemment, il est bon de réagir de manière prévisible quand on coopère avec quelqu'un. Mais dans une situation compétitive, un comportement aléatoire et imprévisible peut être la meilleure stratégie.

Considérons un jeu entre deux personnes (vous et moi), où chacun a le choix entre plusieurs « coups » possibles, et prend sa décision sans savoir ce que fait l'autre. En conséquence des deux choix une certaine somme est gagnée par l'un, somme qui doit être payée par l'autre. Par exemple, j'ai le choix entre deux coups : mettre une bille dans la main droite ou dans la main gauche. Et deux coups sont à votre disposition : choisir une de mes mains. Suivant que vous avez deviné juste ou que vous vous êtes trompé, vous recevez de moi ou vous me donnez soit un franc soit tout autre paiement convenu.

Passons à un jeu plus militaire. Vous êtes dans un petit avion survolant un champ de bataille, et vous lâchez des bombes en essayant de me toucher. Moi je me terre dans un abri, et je suis naturellement tenté de choisir le meilleur abri accessible pour m'y dissimuler. Mais naturellement vous allez chercher le meilleur abri pour le bombarder... Ne vaudrait-il pas mieux dans ces conditions que je me cache dans un abri un peu moins bon ? Si nous sommes tous les deux très astucieux, nous utiliserons des stratégies probabilistes. De mon côté, je calculerai, pour les probabilités de me cacher dans divers abris, les valeurs qui me donnent globalement les plus grandes chances de survie. Ensuite je jouerai à pile ou face, ou j'utiliserai une table de nombres aléatoires, pour décider où je vais me cacher. De votre côté, vous calculerez aussi des probabilités, et vous utiliserez une source de nombres aléatoires pour décider où vous allez lâcher vos bombes avec la meilleure chance de me toucher. Tout cela manque un peu de bon sens ? Pourtant, c'est ainsi que nous agirons si nous sommes tous les deux très astucieux et si nous agissons « rationnellement ». Par ailleurs, vous pouvez améliorer votre score si vous avez des informations sur l'endroit où je me cache, et vous devez par contre m'empêcher de connaître vos intentions de bombardement.

Dans la vie de tous les jours, vous trouverez de nombreux exemples où votre patron, votre conjoint ou votre gouvernement essayent de vous manipuler. Ils vous proposent un jeu sous la forme d'un choix entre plusieurs possibilités dont l'une apparaît clairement préférable. Vous la choisissez, on vous propose un nouveau jeu, et ainsi de suite. Assez rapidement, de choix raisonnable en choix raisonnable, vous vous retrouvez dans une situation qui ne vous plaît aucunement : vous êtes piégé. Pour éviter cela, souvenez-vous que d'agir un peu au hasard, de manière erratique et imprévisible, peut être la meilleure stratégie. Ce que vous perdez par des choix suboptimaux, vous le regagnez très largement en gardant un peu de liberté.

Il ne suffit d'ailleurs pas d'agir au hasard, il faut le faire selon une stratégie probabiliste précise, faisant intervenir des probabilités que nous voulons maintenant calculer. Nous fixons un jeu particulier en nous donnant un tableau de gains (ou paiements) du type suivant :

| | | Votre choix | | | |
|---|---|---|---|---|---|
| | | 1 | 2 | 3 | 4 |
| Mon choix | 1 | 0 | 1 | 3 | 1 |
| | 2 | −1 | 10 | 4 | 2 |
| | 3 | 7 | −2 | 3 | 7 |

J'ai plusieurs choix possibles (disons 3), vous avez plusieurs choix possibles (disons 4), et nous faisons nos choix indépendamment. (Ces choix sont du type de se cacher dans un certain abri, ou de choisir une carte à jouer.) Quand nous avons fait nos choix, je reçois un paiement déterminé par le tableau ci-dessus. Par exemple, pour mon choix 2 et votre choix 4 je reçois deux francs, que vous me payez. Si je choisis 3 et vous 2, je reçois moins deux francs, c'est-à-dire que je dois vous payer deux francs.

Supposons que je fais mes 3 choix avec certaines probabilités et que vous faites vos 4 choix avec certaines probabilités. Toutes ces probabilités déterminent un certain gain moyen que j'essayerai de rendre maximum tandis que vous essayerez de le rendre minimum (chacun utilisant les probabilités à sa disposition). En 1928, J. von Neumann a démontré que mon maximum de votre minimum est égal à votre minimum de mon maximum. C'est le fameux théorème du minimax [2]. Ce que cela signifie c'est que, étant tous les deux très astucieux, nous tombons exactement d'accord sur l'étendue de notre désaccord.

Il reste, suivant le théorème du minimax, à déterminer les probabilités de mes choix et de vos choix, et mon gain moyen. Sans entrer dans les détails (voir la note 2), notons que c'est un problème d'un type général appelé *programmation linéaire*, et qu'il n'est pas trop difficile à résoudre quand le nombre de choix à ma disposition et à la vôtre reste petit. Si le tableau des gains est de grande taille, le problème devient plus difficile. Nous verrons au chapitre 22 comment on estime la difficulté d'un tel problème.

Résumons ce chapitre : la théorie des jeux nous montre qu'il est utile d'avoir une source de nombres aléatoires à sa disposition. Mais peut-être vivons-nous dans un univers déterministe où rien n'est au hasard. Que faire alors ? Nous pouvons jeter un dé ou une pièce de monnaie et affirmer que, sous des conditions opératoires appropriées, cela nous donne de bonnes suites aléatoires. Mais tôt ou tard il nous faudra aborder le problème de savoir comment le hasard s'introduit dans ces suites. C'est une affaire un peu compliquée et il nous faudra plusieurs chapitres pour y mettre un peu de clarté.

# 7

## *Dépendance sensitive des conditions initiales*

Vous connaissez l'histoire de l'inventeur du jeu d'échecs. Au Roi qui voulait le récompenser, ce sage avait demandé que l'on mette un grain de riz sur la première case de l'échiquier, deux sur la seconde, quatre sur la troisième, et ainsi de suite en doublant le nombre de grains de riz à chaque case. Le Roi pensa d'abord que c'était là une récompense fort modeste, puis dut admettre que la quantité de riz nécessaire était si énorme que ni lui ni aucun roi au monde ne pourrait la fournir. Ceci est facile à vérifier : si l'on double une quantité dix fois, on la multiplie par 1024, en vingt fois, on la multiplie par plus d'un million, et cetera...

Si une quantité croît de manière à doubler au bout d'un certain temps, puis qu'elle double de nouveau après le même intervalle de temps, et ainsi de suite, on dit que cette quantité *croît exponentiellement*. Comme nous venons de le voir, elle sera bientôt énorme. La croissance exponentielle s'appelle aussi *croissance à taux constant*. Ainsi, si l'on dépose une certaine somme à la banque à un taux constant de cinq pour cent, la somme doublera en un peu plus de quatorze ans (pour autant que l'on puisse oublier les impôts et l'inflation). Ce type de croissance est assez naturel, et s'observe communément dans le monde qui nous entoure,... mais ne dure jamais très longtemps.

Nous allons utiliser l'idée de croissance exponentielle pour comprendre ce qui se passe quand vous essayez de mettre un crayon en équilibre sur sa pointe. A moins de tricher, vous n'y arriverez pas, bien entendu. En effet, le crayon n'est jamais lâché exactement en équilibre, et toute déviation le fera tomber d'un côté ou de l'autre. Si l'on étudie la chute du crayon par les lois de la mécanique classique (ce que nous ne ferons pas), on trouve qu'il tombe exponentiellement vite (approximativement, et au moins au début de la chute). Ainsi, la déviation du crayon par rapport à l'équilibre sera multipliée par 2 dans un certain intervalle de temps, puis de nouveau par 2 dans l'intervalle de temps suivant, et ainsi de suite, et bientôt le crayon se retrouvera allongé sur la table.

Notre discussion du crayon donne un exemple de *dépendance sensitive des conditions initiales.* Cela veut dire qu'un petit changement dans l'état du système au temps zéro (un petit changement dans la position et la vitesse initiales du crayon) produit un changement ultérieur qui croît exponentiellement avec le temps. Donc une petite cause (pousser légèrement le crayon à droite ou à gauche) a un grand effet. On est tenté de penser que pour qu'une telle chose se passe (qu'une petite cause ait un grand effet), il faut un état exceptionnel au temps zéro, comme l'état d'équilibre instable d'un crayon sur sa pointe. C'est le contraire qui est vrai : *beaucoup de systèmes physiques dépendant de manière sensitive des conditions initiales, quelles que soient ces conditions initiales.* Autrement dit, quel que soit l'état du système au temps zéro, si on le « pousse » un peu à droite ou à gauche, il en résultera des effets importants à long terme. C'est un peu contraire à l'intuition, et il a fallu un certain temps aux mathématiciens et aux physiciens pour bien comprendre comment les choses se passent.

Nous allons discuter maintenant un autre exemple, celui d'un jeu de billard avec des obstacles ronds (ou convexes). Comme le font toujours les physiciens, nous idéaliserons un peu le système : nous négligerons le frottement, les « effets » (dus à la rotation de la boule), et nous supposerons que les collisions sont *élastiques.* Ce qui nous intéresse, c'est le mouvement du centre d'une boule de billard. Tant qu'il n'y a pas de collision, ce mouvement est rectiligne et uniforme. Quand il y a collision avec un obstacle, tout se passe comme si le centre de la boule était réfléchi par un obstacle plus grand (plus grand par le rayon de la boule - voir la Figure 1). La trajectoire du centre de la boule est réfléchie précisément de la même manière qu'un rayon lumineux est réfléchi par un miroir (ainsi s'exprime géométriquement le fait que la collision est élastique). L'analogie du miroir va nous permettre d'aborder maintenant le problème des changements de conditions initiales pour le problème du billard.

Nous supposons que nous avons sur la même table de billard une boule réelle et une boule imaginaire, initialement au même endroit. On pousse simultanément les deux boules dans des directions légèrement différentes, mais avec la même vitesse. Les trajectoires de la boule réelle et de la boule imaginaire forment donc un certain angle, que nous appellerons pompeusement l'angle *alpha.* On voit aussi que la distance des deux boules sera proportionnelle au temps. Il faut noter que cette croissance proportionnelle au temps n'est pas l'explosive croissance exponentielle que nous avons discutée précédemment. Si le centre de la boule réelle et le centre de la boule imaginaire ont, après une seconde, une distance d'un micron (un millième de millimètre), leur distance après 20 secondes ne sera que de 20 microns (ce qui est encore très petit).

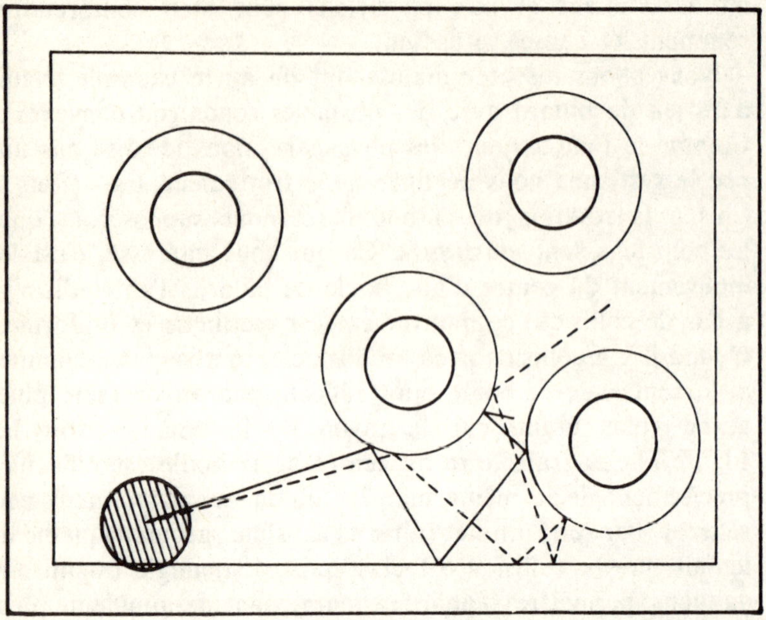

**Figure 1.** Une table de billard avec des obstacles convexes. La boule part dans le coin inférieur gauche, et son centre suit la ligne continue. Une boule imaginaire part dans une direction légèrement différente (ligne interrompue). Après quelques collisions, les deux trajectoires n'ont plus rien à voir l'une avec l'autre.

Si l'on y pense un peu, on voit qu'une réflexion sur un bord droit de la table de billard n'apporte rien de neuf : les trajectoires réfléchies forment le même angle *alpha* que précédemment, et la distance entre la boule réelle et la boule imaginaire reste proportionnelle au temps. Souvenons-nous que la réflexion de la boule sur un bord de la table de billard obéit aux mêmes lois que la réflexion de la lumière sur un miroir : tant que le miroir est droit, il ne se passe rien d'extraordinaire.

Mais nous avons dit qu'il y avait des obstacles ronds sur la table de billard, et ceux-ci correspondent à des miroirs convexes. Comme vous le savez, les images réfléchies par un miroir convexe sont assez différentes de celles que l'on observe avec un miroir plan. La situation est analysée dans les cours d'optique, et l'on trouve qu'il se passe fondamentalement la chose suivante : si vous envoyez un pinceau lumineux d'angle *alpha* sur un miroir convexe, le pinceau lumineux réfléchi a un angle différent – appelons-le *alpha prime* – plus grand que *alpha.* Pour simplifier les choses, nous supposerons que l'angle *alpha prime* est égal à deux fois l'angle *alpha.* (C'est une simplification un peu excessive, comme nous verrons plus tard.)

Revenons à notre table de billard, avec des obstacles ronds, et à nos deux boules, l'une réelle et l'autre imaginaire. Initialement, les trajectoires des deux boules forment un angle *alpha,* et cet angle ne change pas par réflexion sur un bord droit de la table de billard. Mais après un choc contre un obstacle rond, les trajectoires divergent, et forment un angle *alpha prime* égal à deux fois l'angle de départ *alpha.* Après un nouveau choc contre un obstacle rond, les trajectoires divergeront avec un angle 4 *alpha.* Après 10 chocs, l'angle sera multiplié par 1 024, et ainsi de suite. Si nous avons un choc par seconde, l'angle entre les trajectoires de la boule réelle et de la boule imaginaire va croître exponentiellement avec le temps. En fait, il est facile de montrer mathématiquement [1] que la distance entre les deux boules croîtra aussi exponentiellement avec le temps (tant qu'elle ne devient pas trop grande) : *nous avons dépendance sensitive des conditions initiales.*

D'après ce que nous avons dit, la distance entre le centre de la boule réelle et le centre de la boule imaginaire soit doubler à chaque seconde. Donc, après 10 secondes, une distance initiale de 1 micron est devenue une distance de 1 024 microns, soit environ un millimètre. Et après 20 (ou 30) secondes, la distance serait de plus d'un mètre (ou plus d'un kilomètre) ! Ceci est évidemment absurde, vu les dimensions de la table de billard. Où est l'erreur ? L'erreur est d'avoir simplifié notre analyse à l'excès : nous avons supposé qu'après réflexion par un obstacle rond, l'angle des trajectoires des deux boules de billard était multiplié par 2 (à peu près) *mais restait petit.* En fait, au bout d'un certain temps, l'angle devient grand, les trajectoires s'écartent et, tandis qu'une des boules heurte un obstacle, l'autre passe entièrement à côté.

Il est temps de résumer ce que nous avons appris concernant le mouvement d'une boule sur une table de billard avec des obstacles ronds. Si nous observons simultanément le mouvement d'une boule réelle et d'une boule imaginaire avec des conditions initiales légèrement différentes, nous voyons que, *d'ordinaire,* leurs trajectoires se séparent exponentiellement avec le temps jusqu'à ce que l'une des boules heurte un obstacle tandis que l'autre passe à côté. A partir de ce moment, les deux mouvements n'ont plus rien à voir l'un avec l'autre. Pour être honnête, il faut dire qu'il existe des conditions initiales exceptionnelles pour la boule imaginaire, telles qu'elle ne s'écarte pas de la boule réelle : par exemple, la boule imaginaire pourrait suivre la même trajectoire que la boule réelle, mais un millimètre derrière celle-ci. En général, cependant, les deux trajectoires divergent comme on l'a dit.

La discussion du billard, telle que je viens de la présenter, était une discussion *heuristique.* Cela veut dire que j'ai rendu les choses plausibles, mais sans donner de vraie démonstration. En suivant les mêmes idées on peut aussi, et c'est important, faire une analyse mathématiquement rigoureuse du billard avec obstacles convexes. Cette analyse, qui est difficile, a été réalisée par le Russe Yakov G. Sinai [2] suivi par d'autres mathématiciens. La discussion mathématique des systèmes avec dépendance sensitive des conditions initiales n'est en général pas facile. Cela peut expliquer pourquoi l'intérêt des physiciens pour ces systèmes est relativement récent.

# 8

## *Hadamard, Duhem et Poincaré*

J'espère vous avoir convaincu au chapitre précédent que le parcours d'une boule sur une table de billard avec des obstacles convexes donne lieu à un phénomène un peu étrange. Supposons que je modifie la condition initiale, en remplaçant la position et la vitesse réelles de la boule par une position et une vitesse imaginaires légèrement différentes. Alors la trajectoire réelle et la trajectoire imaginaire, qui étaient au départ très proches, se mettront à diverger de plus en plus rapidement jusqu'à ce qu'elles n'aient bientôt plus rien à voir l'une avec l'autre. C'est ce que nous avons appelé la dépendance sensitive par rapport aux conditions initiales. Conceptuellement, c'est une découverte très importante. Il est vrai que le mouvement de notre boule de billard est déterminé sans ambiguïté par la condition initiale, et cependant nous sommes fondamentalement limités dans la prédiction de sa trajectoire. Nous avons à la fois déterminisme et imprédictibilité à long terme. En effet, notre connaissance de la condition initiale est toujours entachée d'une certaine imprécision : nous ne sommes pas capables de distinguer la condition initiale réelle des nombreuses conditions initiales imaginaires qui en sont voisines. Et nous ne savons pas, par conséquent, laquelle des prédictions possibles est correcte. Mais si nous ne pouvons prédire le mouvement d'une boule de billard, qu'en est-il du mouvement des planètes ? De l'évolution de la météo ? Du sort des empires ? Ce sont là des questions intéressantes et leurs réponses, comme nous le verrons, sont diverses. Le mouvement des planètes est prévisible pour des siècles, mais les prévisions météorologiques utiles sont limitées à une ou deux semaines. Pour ce qui est du sort des empires et de l'histoire de l'humanité, il est fort ambitieux d'en parler mais quelques conclusions sont pourtant possibles, et ces conclusions sont en faveur de l'imprédictibilité. On peut comprendre l'enthousiasme des chercheurs quand ils ont vu que l'analyse de tous ces problèmes leur était maintenant accessible.

Nous devons cependant être prudents, et vous voudrez peut-être éclaircir certains points au sujet du billard avant de permettre que je spécule sur la prédictibilité du futur de l'espèce humaine.

Par exemple, en étudiant le mouvement d'une boule de billard, nous avons négligé le frottement. Avions-nous le droit de faire cette approximation ? Ce genre de problème se pose constamment en physique : les idéalisations que l'on utilise sont-elles permises ? La réponse dépend de la question précise que l'on se pose. Ici, la présence de frottement implique que la boule finira par s'arrêter. Mais si elle s'arrête longtemps après que le mouvement soit devenu imprédictible, on pouvait utilement supposer qu'il n'y avait pas de frottement. (En fait, la théorie du billard avec des obstacles convexes que nous avons présentée a l'avantage d'être assez facile à analyser, mais son application à un billard réel donnerait lieu à de sérieuses difficultés.)

Nous devons faire face maintenant à un problème plus sérieux : quelle est la généralité du phénomène de dépendance sensitive des conditions initiales ? Nous avons analysé un système particulier, le billard avec des obstacles convexes, et nous sommes arrivés à la conclusion qu'un peu d'incertitude initiale conduisait à l'imprédictibilité à long terme du futur du système. Cette situation est-elle habituelle ou exceptionnelle ? Ce qu'on appelle *système* est soit un système mécanique sans frottement, soit un système avec une source d'énergie pour remplacer celle qui est dissipée par frottement, soit encore un système plus général avec des composants électriques, chimiques, etc. Ce qui compte, c'est que l'on ait une évolution temporelle *déterministe* bien définie. Les mathématiciens disent alors que l'on a un *système dynamique.* Les planètes tournant autour d'une étoile forment un système dynamique (idéalisé comme système mécanique sans frottement). Un fluide visqueux dans lequel tourne une hélice est aussi un système dynamique (*dissipatif* dans ce cas-ci car il y a un frottement interne, appelé dissipation, dans le fluide visqueux). Et si nous trouvons une évolution temporelle déterministe qui idéalise de manière adéquate l'histoire de l'humanité, ce sera encore un système dynamique.

Mais revenons à notre question : la dépendance sensitive des conditions initiales est-elle l'exception ou la règle pour les systèmes dynamiques ? L'évolution temporelle est-elle en général préditible à long terme, ou ne l'est-elle pas ? En fait, il y a diverses possibilités. Dans certains cas (par exemple pour un pendule avec frottement), il n'y a pas dépendance sensitive des conditions initiales (on peut prédire avec précision comment le pendule sera freiné et évoluera vers un état de repos).

Dans d'autres cas, on a dépendance sensitive des conditions initiales pour toutes les conditions initiales (c'est le cas, entre autres, pour le billard avec obstacles convexes). Finalement, beaucoup de systèmes dynamiques ont un comportement mixte, où la prédiction à long terme est possible pour certaines conditions initiales, mais pas pour d'autres.

Vous serez peut-être déçu de voir que toutes ces possibilités existent. Mais songez que l'on peut espérer dire quand il y a dépendance sensitive des conditions initiales, et pour combien de temps on peut faire confiance aux prédictions sur l'évolution future d'un système. Il est clair que l'on a alors appris quelque chose d'utile sur la nature de ce système.

Je voudrais maintenant jeter un coup d'œil historique sur le problème de la dépendance sensitive des conditions initiales. Nos ancêtres ont découvert il y a fort longtemps que le futur était difficile à prédire, et que de petites causes pouvaient avoir de grands effets. Ce qui est relativement neuf, c'est la démonstration que, pour certains systèmes, un petit changement de condition initiale conduit *habituellement* à un tel changement de l'évolution ultérieure du système que les prédictions à long terme deviennent complètement vaines. Cette démonstration a été faite à la fin du XIXᵉ siècle par le mathématicien français Jacques Hadamard [1] (il avait la trentaine à l'époque, il a d'ailleurs vécu assez vieux et n'est mort qu'en 1963).

Le système considéré par Hadamard était une sorte de billard tordu où la surface plane de la table est remplacée par une *surface à courbure négative* [2]. On s'intéresse au mouvement d'un point lié à la surface, sur laquelle il se déplace sans frottement. Le billard d'Hadamard est donc ce que l'on appelle, en termes techniques, le *flot géodésique* sur une surface à courbure négative. Ce flot géodésique est assez facile à analyser mathématiquement, ce qui a permis à Hadamard de prouver le théorème de dépendance sensitive des conditions initiales. (Le théorème correspondant pour un billard à obstacles convexes est bien plus ardu et n'a été démontré par Sinai que bien plus tard, dans les années soixante-dix.)

Le physicien Pierre Duhem est l'un de ceux qui ont, à l'époque, compris l'importance philosophique du résultat d'Hadamard. (Duhem avait des idées en avance sur son temps dans beaucoup de domaines, mais ses convictions politiques étaient nettement réactionnaires.) Dans un livre pour le grand public publié en 1906, Duhem a intitulé un paragraphe *Exemple de déduction mathématique à tout jamais inutilisable* [3]. Comme il l'explique, cette déduction mathématique est le calcul d'une trajectoire sur le billard d'Hadamard. Elle est « à tout jamais inutilisable » car une petite incertitude nécessairement présente sur la condition initiale donne lieu à une grande incertitude sur la trajectoire calculée si l'on attend assez longtemps, et cela rend la prédiction sans valeur.

Un autre Français écrivait des livres de philosophie scientifique à cette époque : le fameux mathématicien Henri Poincaré. Dans *Science et méthode* publié en 1908 [4], il discute le problème de l'imprédictibilité, mais de manière non technique. Il ne cite ni Hadamard ni les détails mathématiques de la théorie des systèmes dynamiques (théorie qu'il avait par ailleurs créée, et connaissait mieux que quiconque). Une remarque essentielle faite par Poincaré est que le hasard et le déterminisme sont rendus compatibles par l'imprédictibilité à long terme. Dans son style clair et concis, voici comment il exprime la chose : « Une cause très petite, qui nous échappe, détermine un effet considérable que nous ne pouvons pas ne pas voir, et alors nous disons que cet effet est dû au hasard. »

Poincaré savait combien les probabilités sont utiles dans la discussion du monde physique. Il savait que le hasard fait partie de la vie de tous les jours. Et comme il croyait aussi au déterminisme classique (il n'y avait pas encore d'incertitude quantique à son époque), il voulait trouver où le hasard avait sa source. Sa réflexion sur le problème a fourni à Poincaré plusieurs réponses. Autrement dit, il a vu plusieurs mécanismes par lesquels la description déterministe classique du monde pouvait donner lieu naturellement à une idéalisation probabiliste. Un de ces mécanismes est celui de la dépendance sensitive des conditions initiales [5].

Poincaré discute deux exemples de dépendance sensitive des conditions initiales. Le premier est celui d'un gaz composé de nombreuses molécules se mouvant à grande vitesse dans toutes les directions et subissant de nombreux chocs mutuels. Ces chocs, dit Poincaré, donnent lieu à une dépendance sensitive des conditions initiales. (La situation est analogue à celle d'une boule de billard heurtant un obstacle convexe.) L'imprédictibilité du mouvement des particules dans le gaz justifie une description probabiliste.

Le second exemple de Poincaré concerne la météorologie. Là aussi, dit-il, il y a dépendance sensitive des conditions initiales. Par ailleurs, notre connaissance des conditions initiales est toujours un peu imprécise, et cela explique le peu de fiabilité des prévisions du temps qu'il fera. Ainsi, comme nous ne pouvons prévoir la succession des phénomènes météorologiques, nous pensons que cette succession se fait au hasard.

Pour un spécialiste contemporain, ce qui frappe le plus dans les idées de Poincaré c'est leur caractère moderne. La dynamique d'un gaz de sphères élastiques d'une part, la circulation générale de l'atmosphère d'autre part, ont été des objets d'études essentiels au cours des années récentes, et le point de vue que nous adoptons est celui qu'avait préconisé Poincaré.

Très frappant aussi est le long intervalle qui s'est écoulé entre Poincaré et l'étude moderne par les physiciens du phénomène de dépendance sensitive des conditions initiales. L'étude récente de ce que l'on appelle maintenant le *chaos* n'a pas bénéficié de la compréhension physique pénétrante acquise par Hadamard, Duhem et Poincaré. Les mathématiques de Poincaré (ou ce qu'elles étaient devenues) ont certes joué leur rôle, mais ses idées sur les prévisions météorologiques ont dû être redécouvertes indépendamment.

A l'intervalle surprenant qui sépare Poincaré et les études modernes du chaos, je vois deux raisons. La première est la découverte de la mécanique quantique, qui a bouleversé le monde de la physique et occupé toutes les énergies de plusieurs générations de physiciens. La mécanique quantique fait intervenir le hasard de façon nouvelle et intrinsèque. Alors pourquoi vouloir encore essayer d'introduire le hasard par la dépendance sensitive des conditions initiales en mécanique classique ?

Je vois une autre raison à l'oubli où sont tombées les idées d'Hadamard, Duhem et Poincaré : ces idées sont venues trop tôt, les moyens de les exploiter n'existaient pas. Poincaré n'avait pas à sa disposition ces outils mathématiques de base que sont la *théorie de la mesure* ou le *théorème ergodique*, et ne pouvait donc pas exprimer ses brillantes idées intuitives dans un langage précis. Quand un scientifique d'aujourd'hui lit les œuvres philosophiques de Poincaré, il interprète les idées qu'il découvre dans le cadre de tout un système de concepts qui lui sont familiers, mais ces concepts n'étaient pas à la disposition de Poincaré lui-même ! Il faut noter aussi que, quand nous n'arrivons pas à traiter un problème mathématiquement, nous pouvons toujours l'étudier numériquement sur ordinateur. Mais cette méthode, qui a joué un rôle si essentiel dans l'étude du chaos, n'existait évidemment pas au début du XXe siècle.

# 9

# *Turbulence : modes*

Par un jour pluvieux de 1957, un petit cortège funéraire conduisait la dépouille mortelle du professeur Théophile De Donder à un cimetière belge. Le corbillard était accompagné par un détachement de gendarmes à cheval. Le défunt avait droit à cet honneur, et la veuve avait désiré qu'il lui soit rendu. Quelques collègues attristés suivaient l'enterrement.

Théophile De Donder avait été le père spirituel de la physique mathématique à l'Université Libre de Bruxelles, et ainsi l'un de mes propres grands-pères spirituels. Il avait, en son temps, fait de l'excellent travail de recherche en thermodynamique et en relativité générale (Einstein l'appelait « le petit docteur Gravitique » [1]). Mais quand je l'ai connu, c'était un petit vieillard desséché, bien incapable de faire encore un quelconque travail scientifique. La puissance intellectuelle l'avait quitté pour toujours, mais non le désir, la fascination qui sont à la base et au cœur de la recherche scientifique. Quand il arrivait à coincer un collègue dans un couloir de l'université, il infligeait au malheureux de longues explications sur « la théorie mathématique de la forme du foie » ou sur ses recherches concernant « le $ds^2$ de la musique ». Car la musique et les formes sont des thèmes récurrents de fascination scientifique [2]. En voici d'autres : le temps et son irréversibilité, le hasard, la vie. Il y a un phénomène, le mouvement des fluides, qui semble refléter et combiner toutes ces sources de fascination. Pensez à l'air qui s'écoule dans les tuyaux d'un orgue, ou à l'eau d'une rivière dont les tourbillons perpétuellement se meuvent et changent de disposition comme s'ils étaient animés d'une volonté propre. Pensez aux gerbes de lave incandescente jaillies d'un volcan, aux fraîches fontaines, aux cascades légères... Il y a diverses manières d'honorer la beauté. Là où un artiste crayonnerait une esquisse, ébaucherait un poème, ou composerait une mélodie, le savant imagine une théorie scientifique. Le mathématicien Jean Leray m'a dit avoir longuement observé les tourbillons qui se forment quand l'eau de la Seine passe les piles du Pont-Neuf à Paris. Et cette contemplation a été l'une des sources d'inspiration pour son grand article de 1934 sur l'hydrodynamique [3]. Beaucoup de savants ont été fascinés par le mouvement des fluides, et particulièrement par les écoulements compliqués, irréguliers, et apparemment erratiques que nous qualifions de turbulents. Qu'est-ce que la turbulence ? Les experts continuent à débattre de cette question, à laquelle il n'y a pas de réponse très évidente. En général cependant, on s'accorde à reconnaître un écoulement turbulent quand on en voit un.

L'observation de la turbulence est commune et aisée, mais sa compréhension est difficile. Henri Poincaré s'est préoccupé d'hydrodynamique et a donné un cours sur les tourbillons [4], mais il ne s'est pas risqué à proposer une théorie de la turbulence. Le physicien allemand Werner Heisenberg, père de la mécanique quantique, a proposé une théorie de la turbulence qui n'a pas eu un grand retentissement. On a dit que la turbulence était un *cimetière de théories*. Bien sûr la théorie physique et mathématique des écoulements fluides a bénéficié de contributions remarquables, que l'on doit à

Osborne Reynolds, Geoffrey I. Taylor, Theodore von Kármán, Jean Leray, Andrei N. Kolmogorov, Robert Kraichnan, et d'autres, mais le sujet ne semble pas nous avoir livré ses derniers secrets.

Dans ce chapitre et ceux qui suivent, je voudrais relater un épisode du combat scientifique livré pour comprendre la turbulence. Cet épisode a fait intervenir ce que l'on appelle maintenant le *chaos*, et j'y ai moi-même participé. Cela me permettra de fournir plus de détails que pour les événements scientifiques du début du siècle, dont les protagonistes nous apparaissent souvent aujourd'hui comme des géants semi-mythiques. J'essaierai de donner une idée de l'atmosphère de la recherche, plutôt que de faire un exposé historique précis et équilibré. Au lecteur que l'histoire du chaos intéresse, je recommande de se référer aux articles originaux. Bon nombre de ces articles sont reproduits dans deux volumes très utiles [5] qui rendent leur consultation aisée.

La découverte d'idées nouvelles ne peut être programmée. C'est pourquoi les révolutions et autres cataclysmes sociaux ont souvent une influence positive sur la science. En interrompant provisoirement la routine des corvées bureaucratiques, et en mettant les organisateurs de la recherche hors circuit, ces désordres donnent aux gens une chance de penser. Quoi qu'il en soit, les « événements » de mai 1968 ont été pour moi les bienvenus, en causant l'interruption du courrier et des communications, et aussi en produisant un climat intellectuel tant soit peu stimulant. J'essayais à l'époque d'étudier l'hydrodynamique, et je lisais le volume sur la *Mécanique des fluides* de Landau et Lifshitz. Je vérifiais laborieusement les calculs compliqués dont ces auteurs semblent être friands, quand soudainement je suis tombé sur quelque chose d'intéressant : un paragraphe sur l'apparition de la turbulence, sans calculs compliqués.

Pour comprendre la théorie de Lev D. Landau sur l'apparition de la turbulence, il faut se rappeler que le mouvement d'un fluide visqueux, tel que l'eau, se ralentit par frottement et tend vers un état de repos à moins que l'on n'apporte continuellement de l'énergie. Suivant la puissance fournie pour maintenir le fluide en mouvement, on peut voir des choses différentes. Pour prendre un exemple concret, pensons à un robinet qui coule. La puissance appliquée au fluide (et qui est due en dernière analyse à la gravité) est contrôlée par l'ouverture plus ou moins grande du robinet. Si vous ouvrez peu le robinet, vous pourrez sans doute vous arranger pour que l'écoulement entre le robinet et l'évier soit *stationnaire :* la colonne d'eau paraît immobile (quoique, bien entendu, le robinet coule). En ouvrant soigneusement le robinet un peu plus, vous pourrez (parfois) voir des pulsations régulières de la colonne fluide : le mouvement est alors dit *périodique* plutôt que stationnaire. Si vous ouvrez le robinet encore plus, les pulsations deviennent irrégulières. Enfin, si vous ouvrez le robinet tout grand, vous verrez un écoulement très irrégulier, c'est la *turbulence.* La succession de situations que je viens de décrire est typique pour un fluide auquel une source d'énergie fournit une puissance de plus en plus élevée. Landau interprète cela en disant que, quand vous augmentez la puissance appliquée, vous excitez un nombre de plus en plus élevé de *modes* du fluide.

Il nous faut ici faire un plongeon dans la mer des concepts physiques et essayer de comprendre ce qu'est un mode. Beaucoup d'objets autour de nous se mettent à osciller ou vibrer quand nous les touchons : un pendule, une barre de métal, une corde d'instrument musical s'animent aisément d'un mouvement périodique. Un tel mouvement périodique est un *mode.* On peut aussi parler des modes de vibration de la colonne d'air dans un tuyau d'orgue, des modes d'oscillation d'un pont suspendu, et ainsi de suite. Un objet physique donné a souvent de nombreux modes différents, que l'on peut vouloir déterminer et contrôler. Que l'on songe par exemple à une cloche d'église : si la forme en est mal choisie, les divers modes de vibration de la cloche correspondront à des fréquences discordantes, et le son ne sera pas harmonieux. Un exemple important d'oscillation est celui des atomes d'un solide autour de leurs positions d'équilibre ; les modes correspondants sont appelés *phonons.* Mais revenons à Landau et à sa théorie sur l'apparition de la turbulence. Selon cette théorie, quand un fluide est mis en mouvement par une action extérieure, un certain nombre de modes du fluide sont excités. Si aucun mode n'est excité, nous avons un état stationnaire du fluide. Si un seul mode est excité, nous observons des oscillations périodiques. Si plusieurs modes sont excités, le mouvement du fluide devient irrégulier, et quand beaucoup de modes sont excités, il est turbulent. Je ne puis reproduire ici les arguments mathématiques présentés par Landau, à l'appui de ses idées. (Indépendamment de Landau le mathématicien allemand Eberhard Hopf a proposé, avec un appareil mathématique un peu plus raffiné, une théorie très semblable[6].) Si l'on aborde le problème du point de vue de la physique expérimentale, on peut faire une analyse en fréquences des oscillations d'un fluide turbulent, c'est-à-dire chercher les fréquences présentes : on trouve qu'elles sont très nombreuses, et forment à vrai dire un spectre continu qui doit correspondre à de très nombreux modes excités du fluide.

Telle que je l'ai présentée, la théorie de Landau-Hopf semble donner une description satisfaisante de l'apparition de la turbulence, c'est-à-dire la façon dont un fluide devient turbulent quand on augmente la puissance extérieure qui lui est appliquée. Cependant, quand j'ai lu l'explication de Landau, je l'ai tout de suite trouvée douteuse et peu convaincante. J'expliquerai dans un moment les raisons mathématiques de mes doutes.

Mais il faut avant cela que je parle encore un peu des modes. Dans de nombreux cas, on peut faire osciller un système physique suivant différents modes simultanément, et ces différentes oscillations n'ont pas d'influence l'une sur l'autre. Ceci, je l'admets, n'est pas une assertion très précise. Pour fixer les idées, on peut imaginer les modes comme des oscillateurs qui seraient en quelque sorte contenus dans notre système physique, et qui oscilleraient indépendamment. Cette image mentale est utile et a joui d'une grande faveur chez les physiciens.

Suivant la terminologie de Thomas Kuhn [7], on peut dire que l'interprétation de grands domaines de la physique en termes de modes, conçus comme des oscillateurs indépendants, est un *paradigme.* Le paradigme des modes, simple et général, s'est montré remarquablement fructueux. Il s'applique chaque fois que l'on peut définir des modes qui sont indépendants ou presque indépendants. Ainsi les modes d'oscillation des atomes dans un solide, les *phonons,* ne sont pas tout à fait indépendants : il y a des interactions phonon-phonon, mais elles sont relativement faibles et les physiciens savent (au moins dans une certaine mesure) comment les traiter.

La description de la turbulence en termes de modes par Landau m'a tout de suite déplu parce qu'elle était en désaccord avec des idées mathématiques que j'avais entendu exposer par René Thom, et que j'avais étudiées dans un article fondamental de Steve Smale sur les *systèmes dynamiques différentiables* [8]. Le Français René Thom et l'Américain Steve Smale sont tous deux d'éminents mathématiciens. Le premier est mon collègue à l'Institut des Hautes Études scientifiques à Bures-sur-Yvette, et le second a fait de fréquentes visites à cet institut. C'est d'eux que j'ai appris les développements modernes des idées de Poincaré sur les systèmes dynamiques, et à partir de là il était clair que le paradigme des modes est loin d'être universellement applicable. Par exemple, une évolution temporelle décrite par des modes ne peut avoir de dépendance sensitive des conditions initiales. Je justifierai cette affirmation au chapitre suivant, et je montrerai que les modes ne donnent lieu qu'à des évolutions temporelles assez inintéressantes comparées à celles analysées par Smale. Plus je pensais au problème et moins je croyais à la théorie de Landau : s'il y avait des modes dans un fluide visqueux, ils devraient interagir fortement plutôt que faiblement, et la description en termes de modes cesserait d'être valable. Elle serait remplacée par quelque chose de différent, de plus riche, et de bien plus intéressant.

Et maintenant, que fait un scientifique quand il pense avoir découvert quelque chose de neuf ? Eh bien, il rédige un « papier », un article écrit dans un jargon codifié, et il soumet cet article pour publication dans une revue scientifique. L'éditeur de la revue confie à un collègue (ou à plusieurs) la responsabilité de juger le papier, ou d'en être comme on dit le *referee*, l'arbitre. Si l'article est accepté, il sera imprimé plus ou moins vite par la revue scientifique en question. Ce genre de revues n'est d'ailleurs pas en vente dans les kiosques à journaux. Elles arrivent par la poste dans les laboratoires, remplissent les étagères dans les bureaux des professeurs d'université, et il y en a des kilomètres dans les rayons des grandes bibliothèques scientifiques.

Je me suis donc attelé à la rédaction d'un article en anglais sur la turbulence, « On the nature of turbulence », et cet article a été écrit en collaboration avec Floris Takens, un mathématicien hollandais qui a apporté la contribution de ses connaissances mathématiques, et qui n'a pas craint par ailleurs de se salir les mains et de compromettre sa réputation de mathématicien en touchant à un problème physique. L'article expliquait pourquoi nous pensions que les vues de Landau sur la turbulence étaient fausses, et nous proposions quelque chose d'autre, faisant intervenir les *attracteurs étranges*. Ces attracteurs étranges venaient de l'article de Steve Smale, mais le nom était nouveau, et personne ne se souvient plus maintenant si c'est Floris Takens qui l'a inventé, ou moi, ou quelqu'un d'autre. Nous avons soumis notre manuscrit à une revue scientifique appropriée, et il nous est rapidement revenu : refusé. L'éditeur n'aimait pas nos idées, et nous renvoyait à ses propres articles pour que nous puissions apprendre ce qu'était réellement la turbulence.

Je vais abandonner pour l'instant « On the nature of turbulence » à son sort incertain, et m'occuper d'un sujet plus fascinant : les attracteurs étranges.

# 10

## *Turbulence : attracteurs étranges*

La mathématique n'est pas seulement une collection de formules et de théorèmes, elle contient aussi des idées. Une de celles-ci, particulièrement générale et utile, est l'idée de *géométrisation.* Essentiellement, il s'agit de la représentation de telle ou telle classe d'objets mathématiques comme points d'un espace.

Il y a de nombreuses applications pratiques de la géométrisation sous forme de graphiques et de diagrammes. Si par exemple vous vous intéressez au problème du refroidissement par le vent, vous aurez intérêt à utiliser un diagramme température-vitesse du vent comme celui de la Figure 1(A).

Un avantage de cette représentation est qu'elle ne vous lie pas au choix d'un seul système d'unités. Le diagramme de la Figure 1(B) est d'un type utilisé par les aviateurs : il indique la direction du vent aussi bien que sa vitesse. Si vous vouliez représenter simultanément la direction du vent, sa vitesse, et la température de l'air, il vous faudrait trois dimensions ; il est aisé d'imaginer un diagramme à trois dimensions, mais on ne pourra en représenter que des projections à deux dimen-

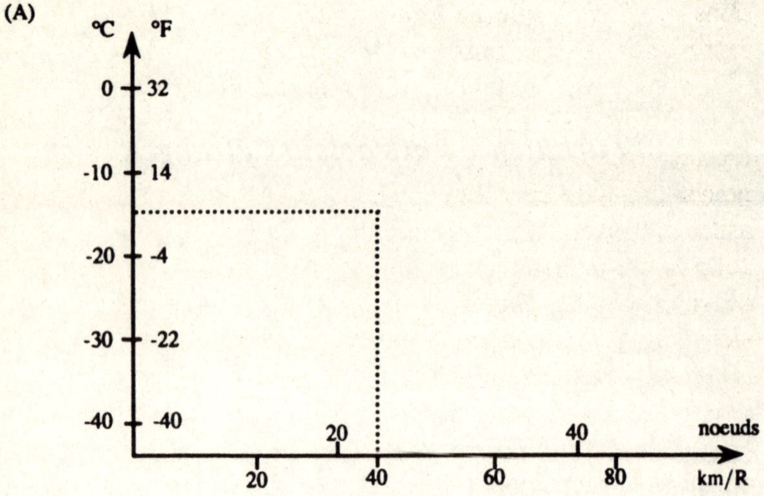


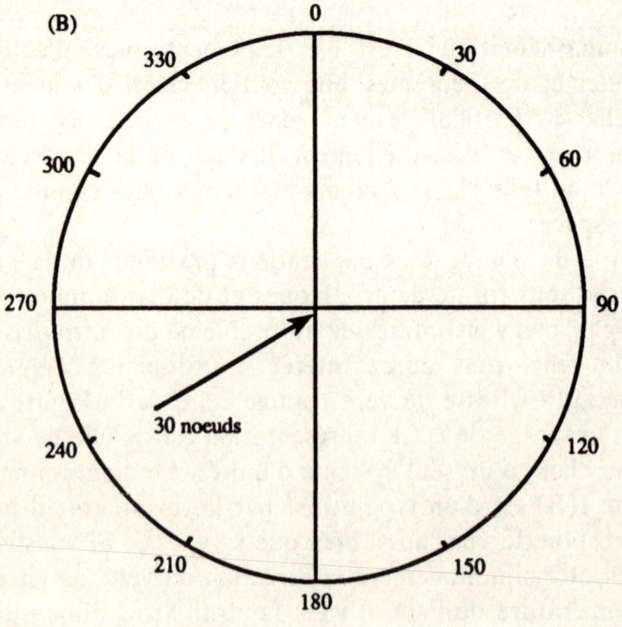


**Figure 1.** Diagrammes représentant
(A) vitesse du vent et température
(B) vitesse et direction du vent.

sions sur une feuille de papier. Si vous vouliez maintenant représenter aussi la pression barométrique et l'humidité relative, vous auriez besoin d'un espace à 5 dimensions, et vous pourriez estimer que la représentation géométrique devient inutilisable. N'a-t-on pas dit que les seules personnes qui pouvaient « voir en 4 dimensions » étaient enfermées dans des asiles d'aliénés ? La réalité, cependant, est différente. Beaucoup de mathématiciens et d'autres scientifiques ont l'habitude de visualiser des choses en 4, 5,... ou une infinité de dimensions. On y arrive d'une part, en visualisant diverses projections à 2 ou 3 dimensions, d'autre part, en ayant présents à l'esprit quelques théorèmes qui disent comment les choses doivent être. Par exemple, la Figure 2(A) est en 10 dimensions, et montre une ligne droite traversant en deux points une sphère à 9 dimensions (cette 9-sphère ou *hypersphère* est formée des points situés à une certaine distance donnée d'un point 0) ; le segment en trait interrompu est la partie de la droite intérieure à la sphère.

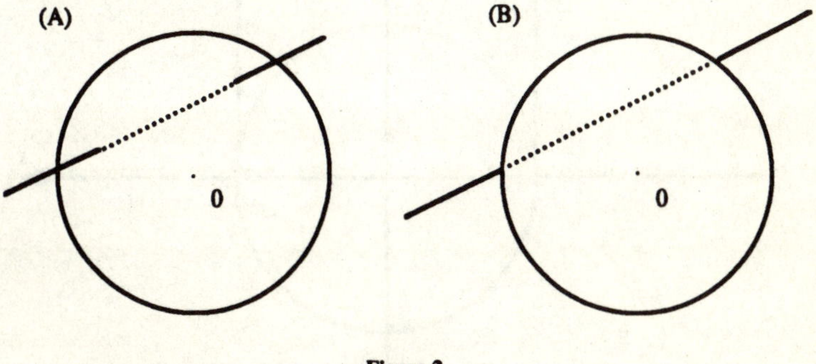


**Figure 2.**
(A) Intersection d'une ligne droite et d'une sphère en 10 dimensions.
(B) La même chose en 2 dimensions.

En fait, la Figure 2(A) montre l'intersection d'une droite et d'une hypersphère en n'importe quel nombre de dimensions supérieur ou égal à 3 (par exemple en un nombre infini de dimensions). La Figure 2(B) illustre la situation en 2 dimensions.

Revenons maintenant aux oscillations, ou *modes*, du chapitre précédent, et tâchons de les géométriser. La Figure 3(A) représente la position d'un pendule, ou d'une tige vibrante, ou de tout autre objet oscillant.

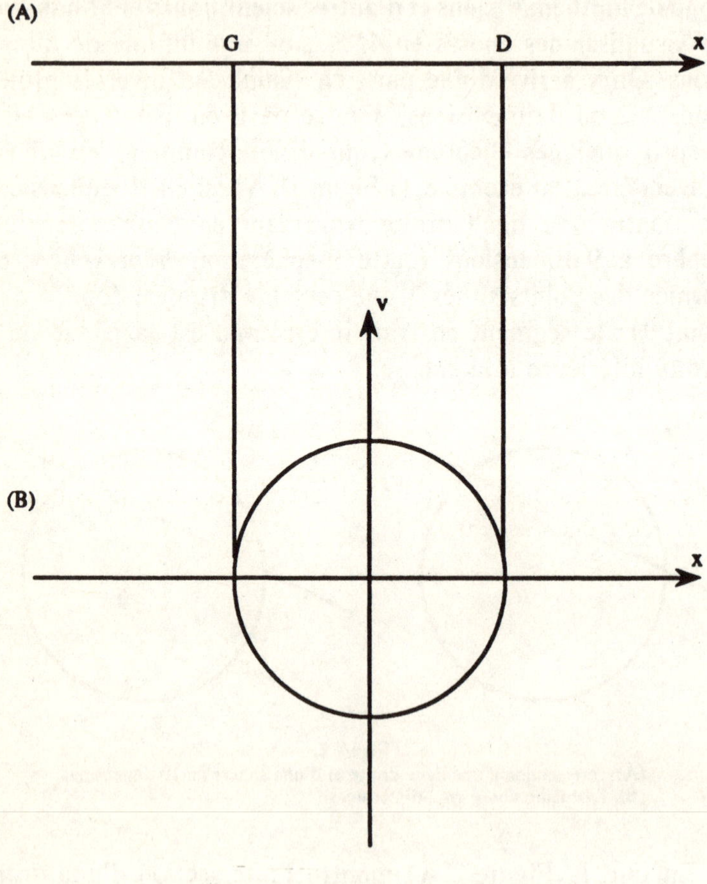


**Figure 3.**
(A) Position x d'un point oscillant.
(B) Position x et vitesse v du même point.

La position oscille de gauche (G) à droite (D), puis de droite (D) à gauche (G), et ainsi de suite. La figure n'est pas très informative, mais nous avons oublié quelque chose : l'état de notre système oscillant n'est pas bien défini par sa seule position, il nous faut aussi connaître sa vitesse. La Figure 3(B) montre l'orbite décrite par notre oscillateur dans le plan position-vitesse. Cette orbite est une boucle fermée (un cercle si vous voulez) et le point qui représente l'état de l'oscillateur fait périodiquement le tour de la boucle.

Nous allons maintenant nous occuper d'un système fluide (comme le robinet en train de couler dont nous avons parlé précédemment). Nous nous intéresserons au *comportement de régime* du système et nous laisserons de côté les *phénomènes transitoires* (qui se produisent par exemple au moment où l'on ouvre le robinet). Pour représenter notre système, il faudra un espace de dimension infinie parce que nous devons spécifier la vitesse du fluide en chaque point de la région qu'il occupe, et qu'il y a une infinité de tels points. Mais cela n'est pas gênant. La Figure 4(A) montre un état stationnaire du fluide : le point P qui représente le système ne bouge pas. La Figure 4(B) correspond à des oscillations périodiques du fluide : l'orbite du point représentatif P est une boucle fermée que P parcourt périodiquement.

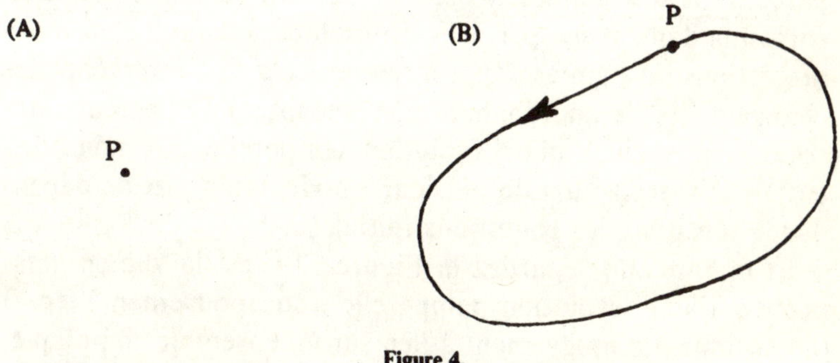


**Figure 4.**
(A) Point fixe P représentant un état stationnaire.
(B) Boucle périodique représentant des oscillations périodiques d'un fluide. Les figures sont des projections à 2 dimensions de trajectoires dans un espace de dimension infinie.

On peut « redresser » la Figure 4(B) de sorte que la boucle devienne un cercle, et que celui-ci soit parcouru par P à vitesse constante. (Le « redressement » est obtenu par ce que les mathématiciens appellent un changement de coordonnées non linéaire : c'est comme si l'on regardait le même dessin à travers un verre déformant.) Notre oscillation périodique, ou mode, est maintenant représentée par la Figure 5(A).

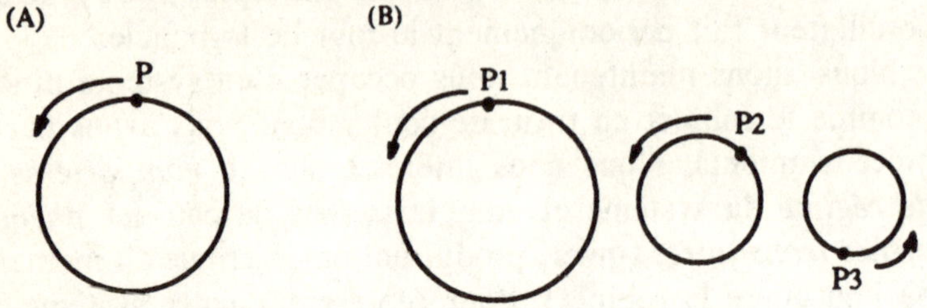


**Figure 5.**
(A) Oscillation périodique (mode) décrite par un point P parcourant un cercle à vitesse constante.
(B) Une superposition de plusieurs modes représentée par plusieurs projections différentes.

Nous avons maintenant à notre disposition toutes les idées nécessaires pour visualiser une superposition de plusieurs modes différents. Comme le montre la Figure 5(B), le point représentatif P apparaît dans différentes projections comme parcourant des cercles à des vitesses angulaires différentes, correspondant à des périodes différentes. (Il faut choisir les projections de manière appropriée, et cela fait intervenir des changements de coordonnées non linéaires.) Le lecteur intéressé peut vérifier que l'évolution temporelle que nous discutons (superposition de plusieurs modes), n'a *pas* de dépendance sensitive des conditions initiales [1].

Et maintenant regardez la Figure 6 ! C'est la vue en perspective d'une évolution temporelle (ou mouvement) en 3 dimensions. Le mouvement a lieu sur un ensemble compliqué, appelé *attracteur étrange*, et il s'agit en l'occurrence de *l'attracteur de Lorenz* [2].

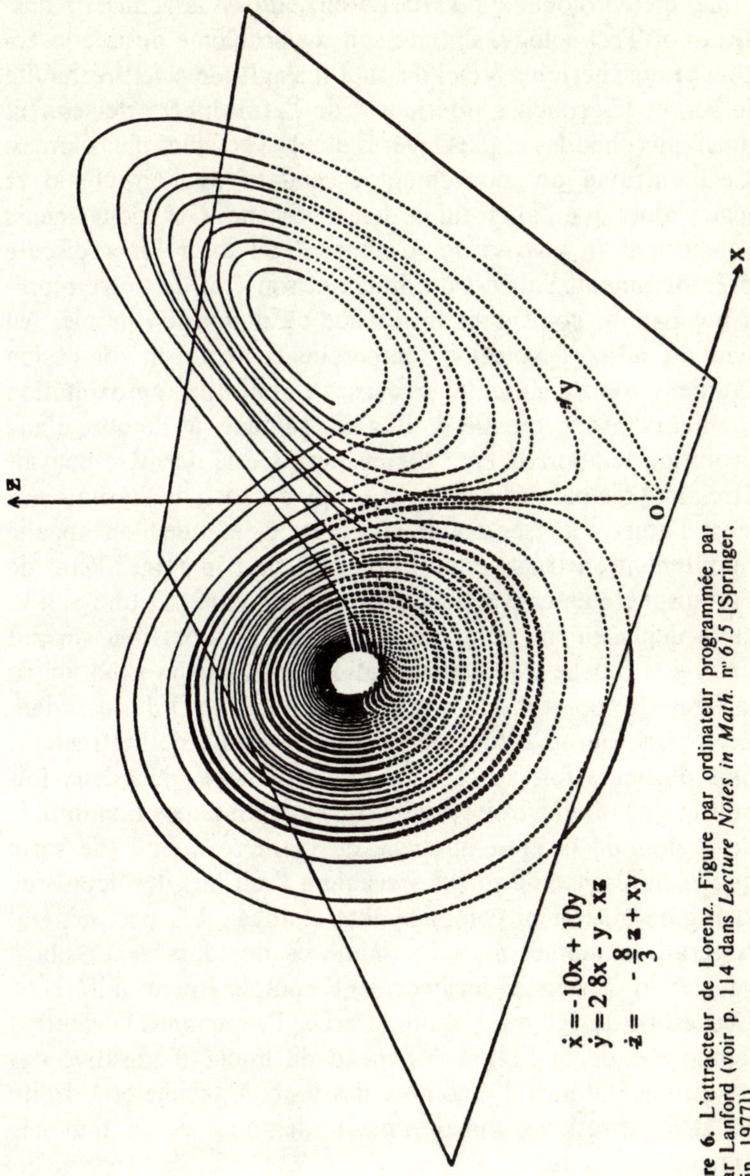


**Figure 6.** L'attracteur de Lorenz. Figure par ordinateur programmée par Oscar Lanford (voir p. 114 dans *Lecture Notes in Math.* n° *615* [Springer, Berlin, 1977]).

Le météorologue Edward Lorenz, du Massachusetts Institute of Technology, s'intéressait au problème de la convection atmosphérique. Voici de quoi il s'agit : le soleil réchauffe le sol, et les couches inférieures de l'atmosphère deviennent ainsi plus chaudes et plus légères que des couches plus élevées. Ceci entraîne un mouvement ascendant de l'air chaud et léger, alors que l'air froid et dense descend. Ces mouvements constituent la *convection.* Comme l'eau du robinet discuté précédemment, l'air est un fluide, et son état doit être représenté par un point dans un espace de dimension infinie. Au lieu d'étudier l'évolution temporelle correcte en dimension infinie, Lorenz a simplifié les choses et, par une approximation d'ailleurs assez grossière, il s'est ramené à l'étude d'une évolution temporelle en 3 dimensions. Cette dernière pouvait être analysée par ordinateur, et ce qui est sorti de l'ordinateur, c'est l'objet représenté par la Figure 6, et que l'on appelle maintenant l'attracteur de Lorenz. Il faut imaginer l'état de l'atmosphère en convection comme représenté par un point P, et le déplacement temporel du point P a alors lieu suivant une ligne courbe tracée par l'ordinateur. Dans la situation de la figure, le point P démarre près de l'origine O des coordonnées, puis tourne autour de l'« oreille » droite de l'attracteur, puis plusieurs fois autour de l'oreille gauche, puis deux fois autour de l'oreille droite et ainsi de suite. Si la position initiale de P près de O était modifiée de manière infime (de sorte que la différence ne soit pas visible à l'œil nu), les détails de la Figure 6 seraient complètement changés. L'aspect général resterait le même, mais les nombres de tours successifs à gauche et à droite deviendraient complètement différents. Ceci est dû au fait que (comme Lorenz l'a reconnu) l'évolution temporelle de la Figure 6 dépend de manière sensitive des conditions initiales. Le nombre des tours à gauche et à droite est donc erratique, apparemment aléatoire, et en tout cas difficile à prédire.

L'évolution temporelle étudiée par Lorenz n'est pas une

description réaliste de la convection atmosphérique. Cependant, son étude a donné un argument très fort en faveur de l'imprédictibilité des mouvements de l'atmosphère. Chacun a pu se rendre compte que les prédictions à long terme des météorologues sont sujettes à caution. Ce que Lorenz a montré, c'est que les errements des prédictions de ses confrères avaient une excuse valable : la dépendance sensitive des conditions initiales. Poincaré, comme nous l'avons vu, avait fait précisément la même remarque beaucoup plus tôt (Lorenz l'ignorait). Mais la grande valeur du travail de Lorenz, c'est son caractère concret et spécifique, qui a permis de l'étendre à des études réalistes des mouvements de l'atmosphère. Avant de quitter Lorenz, je voudrais noter que, alors que ses résultats étaient connus des météorologues, ils n'ont été appréciés par les physiciens que tardivement.

Mais je dois revenir à l'article « On the nature of turbulence » écrit en collaboration avec Floris Takens et que j'ai abandonné à la fin du chapitre précédent. Finalement, cet article a été publié dans une revue scientifique [3]. (En fait, j'étais un des éditeurs de cette revue, et j'ai accepté moi-même l'article pour publication. Bien entendu ce n'est pas une manière de procéder recommandable en général, mais j'ai estimé qu'elle était justifiée dans ce cas particulier.) « On the nature of turbulence » contient certaines idées développées antérieurement par Poincaré et Lorenz (nous l'ignorions). Mais nous ne nous intéressions pas aux mouvements de l'atmosphère et aux prédictions météorologiques. Ce qui nous intéressait, c'était le problème général de la turbulence hydrodynamique. Nous affirmions que les écoulements turbulents ne sont *pas* décrits par la superposition de nombreux modes (comme le proposaient Landau et Hopf) mais par des *attracteurs étranges.*

Qu'est-ce qu'un attracteur ? C'est l'ensemble sur lequel se meut le point P représentant l'état d'un système dynamique déterministe quand on attend assez longtemps (l'attracteur décrit la situation de régime, après disparition des phénomènes transitoires). Pour que cette définition ait un sens, il est important que les forces extérieures agissant sur le système soient indépendantes du temps (on pourrait sinon faire se mouvoir le point P de manière complètement arbitraire). Il est important aussi que l'on s'intéresse à des systèmes physiques *dissipatifs* (c'est-à-dire des systèmes qui dissipent de l'énergie en chaleur, les fluides visqueux par exemple dissipent l'énergie mécanique par frottement interne). La dissipation est ce qui fait disparaître les phénomènes transitoires. C'est à cause de la dissipation que, dans l'espace de dimension infinie représentant un système, il y a seulement un petit ensemble (l'attracteur) qui est réellement intéressant.

Le point fixe et la boucle périodique de la Figure 4 sont des attracteurs, qui n'ont d'ailleurs rien d'étrange. La situation de régime correspondant à un nombre fini de modes est décrite par un *attracteur quasi périodique* qui n'est pas étrange non plus (mathématiquement, c'est un *tore*, voir la note 1). Mais l'attracteur de Lorenz est étrange, comme le sont beaucoup d'attracteurs introduits par Smale (ces derniers sont plus difficiles à représenter graphiquement). L'étrangeté d'un attracteur résulte des caractéristiques suivantes qui ne sont pas mathématiquement équivalentes, mais qui se présentent souvent ensemble en pratique.

Tout d'abord, les attracteurs étranges ont l'air étrange : ce ne sont pas des courbes ou des surfaces lisses, mais des objets de *dimension non entière* ou, comme le dit Benoît Mandelbrot, ce sont des *fractales*[4]. Ensuite, et c'est plus important, le mouvement sur un attracteur étrange présente le phénomène de *dépendance sensitive des conditions initiales.* Enfin, quoique les attracteurs étranges soient de dimension finie, l'analyse en fréquences temporelles révèle un *continu de fréquences.*

Ce dernier point mérite une explication. L'attracteur qui représente l'écoulement d'un fluide visqueux est un ensemble de dimension finie dans l'espace de dimension infinie des états du fluide. Cet attracteur est donc bien représenté par sa projection dans un espace de dimension finie. Suivant le paradigme des modes, un espace de dimension finie ne peut décrire qu'un nombre fini de modes. (Mathématiquement, c'est parce qu'un espace de dimension finie ne peut contenir qu'un tore de dimension finie.) Cependant, l'analyse en fréquence fait apparaître un spectre continu de fréquences, qui devrait correspondre à une infinité de modes. Une telle chose est-elle possible ? Peut-elle avoir quelque chose à voir avec la turbulence ?

# 11

## *Le chaos : un nouveau paradigme*

La science contemporaine internationale tend à se confondre avec la science américaine. Bien sûr on fait de la recherche (et de la bonne recherche) ailleurs qu'aux États-Unis, mais les États-Unis dictent la mode et le style de travail. Ce style de travail est caractérisé par une compétition souvent féroce, souvent sans scrupule, et par un souci de publicité qui l'emporte souvent sur la valeur scientifique. Ce style compétitif, malgré ses aspects détestables, a créé une science d'une grande vitalité, et c'est d'elle que je parlerai surtout. Ouvrons quand même une brève parenthèse sur la recherche scientifique française. Face à la recherche internationale anglophone, l'attitude des chercheurs français est ambivalente et souvent frileuse. D'une part, ils sont engagés dans une compétition qui se situe au niveau mondial, mais d'autre part, leur carrière est liée à des structures corporatistes qui découragent souvent l'ambition. On juge encore trop un chercheur d'après son rang de sortie de l'École il y a vingt ans, et pas assez d'après ce qu'il a fait ensuite. Par ailleurs, et incroyablement, la France est absente de l'édition scientifique internationale qui est publiée, en anglais bien sûr, à Berlin ou à Singapour aussi bien qu'aux États-Unis ou en Angleterre. Malgré tout cela, la science française reste d'un niveau élevé, et il faut espérer que sa valeur ne sera pas mise en péril par des soins trop brutaux. Fermons donc la parenthèse.

Les chercheurs scientifiques écrivent des articles, mais ils assurent aussi la publicité de leurs idées et résultats en faisant des exposés que l'on appelle d'habitude des *séminaires*. Une douzaine de collègues, ou plus (ou moins), assistent au séminaire et regardent défiler équations et diagrammes pendant une heure environ. Certains prennent des notes, ou font semblant de prendre des notes mais travaillent en fait à leur propre problème. D'autres ont l'air de sommeiller, mais se réveillent soudain et posent une question pertinente et précise. Beaucoup de séminaires sont d'une obscurité opaque et impénétrable, soit que le conférencier se perde irrémédiablement dans des calculs de plus en plus touffus et de plus en plus faux, soit que la conférencière se rende compte après une demi-heure qu'elle a omis de dire une chose essentielle au début de l'exposé, soit qu'il ou elle s'exprime dans un anglais balkanique ou asiatique d'un style que personne d'autre ne comprend. Les séminaires, cependant, sont au cœur de la vie scientifique. Certains sont clairs et brillants, d'autres soigneusement présentés mais insipides. D'autres encore, mal ficelés et d'apparence désastreuse, sont en fait fort intéressants quand on comprend de quoi il s'agit.

Après avoir écrit l'article sur la nature de la turbulence avec Takens, j'ai fait un certain nombre d'exposés sur ce sujet, et sur mon travail ultérieur, dans des universités et instituts de recherches américains. (J'étais en visite à l'Institute for Advanced Study de Princeton pendant l'année académique 1970-1971.) Mes exposés ont reçu un accueil mélangé, mais dans l'ensemble assez froid. Je me souviens par exemple des plaisanteries du physicien C.N. Yang à propos de mes « idées controversées sur la turbulence », après un séminaire qu'il m'avait invité à donner. La formule décrit bien la situation de l'époque, et le peu d'attrait exercé par les idées que je défendais.

Quelle était la raison du malaise des physiciens ? Eh bien, quand on excite un fluide par l'action de forces extérieures de plus en plus grandes, on s'attendrait, d'après la théorie acceptée, à l'apparition graduelle d'un nombre de plus en plus élevé de fréquences indépendantes dans le fluide. La théorie des attracteurs étranges prédit par contre un comportement très différent : l'apparition soudaine d'un spectre continu de fréquences.

En physique, heureusement, on peut mettre les théories à l'épreuve de l'expérience. Les prédictions différentes dont nous venons de parler peuvent être testées par l'analyse en fréquence temporelle d'une quantité mesurée sur un fluide modérément excité. Une première attaque du problème, par simulation sur ordinateur, est donc entreprise par Paul Martin à Harvard. Ensuite une étude expérimentale a lieu sur un fluide réel dans le laboratoire de Jerry Gollub et Harry Swinney à City College, New York [1]. Les résultats, dans les deux cas, sont en faveur des idées de Ruelle-Takens plutôt que de celles de Landau-Hopf sur l'apparition de la turbulence.

C'est alors que les choses basculent, même si tout le monde ne s'en est pas rendu compte à l'époque. Les idées controversées deviennent progressivement des idées intéressantes, puis des idées bien connues. Quelques physiciens et mathématiciens d'abord, beaucoup ensuite, se mettent au travail sur les attracteurs étranges et la dépendance sensitive des conditions initiales. L'importance des idées d'Edward Lorenz est reconnue. Un nouveau paradigme apparaît, et est baptisé *chaos* par Jim Yorke, un mathématicien appliqué de l'Université du Maryland [2]. Ce que l'on appelle maintenant chaos est une évolution temporelle avec dépendance sensitive des conditions initiales. Le mouvement sur un attracteur étrange est donc chaotique. On parle aussi de *bruit déterministe* quand on observe des oscillations irrégulières d'apparence aléatoire, mais qui sont produites par un mécanisme déterministe. Dans les phénomènes chaotiques, l'ordre déterministe crée donc le désordre du hasard.

Un des résultats de la théorie du chaos présente une beauté et un intérêt particuliers, c'est la cascade des doublements de période de Feigenbaum. Sans entrer dans les détails techniques, je vais essayer de donner une idée de la découverte de Mitchell Feigenbaum. Quand on change les forces qui agissent sur un système dynamique physique, on voit souvent se produire le phénomène de doublement de période illustré par la Figure 1. Une orbite périodique est remplacée par une autre, proche de la première, mais où il faut faire deux tours avant de revenir exactement au point de départ. Le temps nécessaire pour revenir au point de départ, c'est-à-dire la *période*, a donc approximativement doublé. Le doublement de période est observé dans certaines expériences de convection : des oscillations périodiques d'un fluide chauffé par en dessous peuvent être, quand on change le chauffage, remplacées par des oscillations de période deux fois plus longue. De

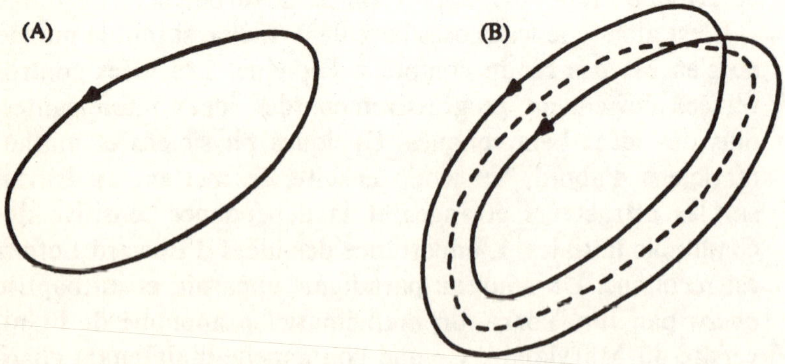


**Figure 1.** Doublement de période :
(A) une orbite périodique,
(B) cette orbite est remplacée par une autre de longueur à peu près double.

même, des doublements de période peuvent se produire pour un robinet coulant goutte à goutte quand on augmente le débit. Il y a de nombreux autres exemples.

Ce qui est intéressant, c'est que le doublement de période peut se produire de manière répétée, donnant une période 4 fois plus longue, puis 8, 16, 32, 64,... fois plus longue. Cette cascade de doublements de période est illustrée à la Figure 2. L'axe horizontal mesure les forces appliquées au système physique considéré, et les valeurs pour lesquelles on observe des doublements de période correspondent aux points $A_1$, $A_2$, $A_3$, ..., elles s'accumulent au point marqué $A_\infty$.

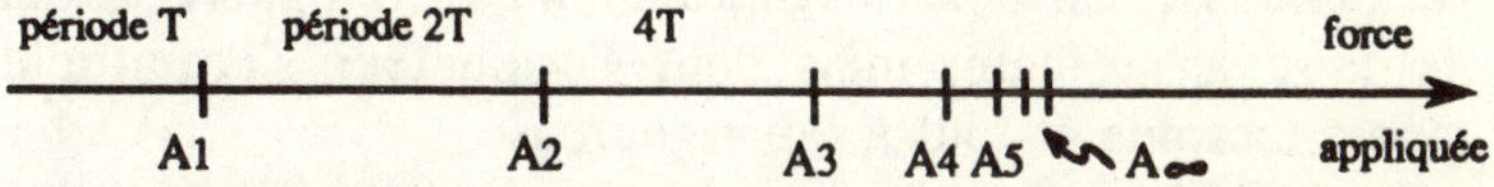


**Figure 2.** Cascade de doublements de période. Quand on change la force appliquée au système, des doublements de période se produisent aux valeurs marquées $A_1$, $A_2$, $A_3$,... qui s'accumulent à $A_\infty$. Pour des raisons de lisibilité, le rapport 4,66920... a été dans cette figure remplacé par une valeur plus petite.

Si l'on examine maintenant les intervalles successifs $A_1\,A_2$, $A_2\,A_3$, $A_3\,A_4$, $A_4\,A_5$,... on trouve qu'ils ont des rapports presque constants :

$$\frac{A_1A_2}{A_2A_3} \approx \frac{A_3A_4}{A_4A_5} \approx \frac{A_4A_5}{A_5A_6} \approx \ldots$$

Plus précisément on a la remarquable formule suivante :

$$\lim_{n \to \infty} \frac{A_nA_{n+1}}{A_{n+1}A_{n+2}} = 4,66920\ldots$$

Quand Mitchell Feigenbaum découvre cette formule numériquement, c'est un jeune physicien avec une position temporaire au laboratoire de Los Alamos. Il travaille jour et nuit à l'ordinateur, fumant sans arrêt et buvant du café fort. Et il se met en devoir de démontrer la formule, en utilisant les idées du physicien Kenneth Wilson (alors à Cornell) sur le *Groupe de Renormalisation.* Il remarque que les doublements de période successifs sont essentiellement toujours le même phénomène, à des changements d'échelle près (c'est-à-dire quand on fait des changements d'unités appropriés pour les divers paramètres intervenant dans le problème). Les changements d'échelle appropriés ne sont pas faciles à établir, et Feigenbaum ne donne pas en fait un traitement mathématique complet de la question. Celui-ci sera fourni plus tard par Oscar Lanford (alors à Berkeley) en suivant les idées de Feigenbaum. Notons que la démonstration de Lanford fait appel à l'aide d'un ordinateur. En fait, cette démonstration requiert certains calculs numériques extrêmement longs, la vérification de certaines inégalités qu'il ne serait guère possible de faire à la main, mais dont l'ordinateur s'acquitte de manière rapide et tout à fait rigoureuse.

La cascade de doublements de période, si on l'observe dans une expérience de physique, ne peut guère être confondue avec autre chose. Par ailleurs, on peut montrer qu'au-delà de la cascade (c'est-à-dire à la droite de A, dans la Figure 2), il y a du chaos. Ainsi, lorsque l'on observera la cascade de Feigenbaum en hydrodynamique, ce sera une démonstration particulièrement convaincante que le paradigme des modes ne s'applique pas, et doit être remplacé par le paradigme du chaos.

J'allais oublier de mentionner un détail. L'article de Feigenbaum décrivant ses résultats et soumis pour publication dans une revue scientifique lui est revenu : refusé. Heureusement, un éditeur plus éclairé l'a ensuite accepté pour un autre journal [3].

Revenons maintenant à notre interprétation de la turbulence par les attracteurs étranges. Notre discussion n'a fait appel à rien qui soit spécifique à l'hydrodynamique. Nous avons seulement utilisé le fait qu'un fluide visqueux est un système dissipatif. On peut donc s'attendre à voir des attracteurs étranges et du chaos (ou du bruit déterministe) dans toutes sortes de systèmes dynamiques dissipatifs. Et c'est effectivement ce que prouvent maintenant d'innombrables expériences.

Mais je voudrais revenir encore un peu en arrière à mon propre rôle dans l'histoire du chaos. Je savais que certaines réactions chimiques ont un comportement temporel oscillant, et qu'un article de Kendall Pye et Britton Chance décrivait de telles oscillations dans des systèmes chimiques d'origine biologique [4]. Au début de 1971 je suis donc allé à Philadelphie voir le professeur Chance et un groupe de ses collaborateurs et je leur ai expliqué qu'ils pouvaient s'attendre à voir des oscillations chimiques non périodiques, ou « turbulentes », aussi bien que des oscillations périodiques. Malheureusement, l'« expert mathématique » du groupe a donné un avis négatif, et Chance s'est désintéressé de mon idée. Un peu plus tard, j'ai eu l'occasion d'expliquer mes vues à Pye, qui a fait preuve de plus de compréhension. Mais il m'a expliqué que s'il étudiait une réaction chimique et obtenait un enregistrement « turbulent » plutôt que périodique, il estimerait l'expérience ratée et jetterait l'enregistrement à la poubelle. Rétrospectivement, cette histoire illustre bien ce qu'a été l'impact scientifique du chaos. Quand un enregistrement turbulent ou chaotique est maintenant obtenu, on le reconnaît pour ce qu'il est, et on l'analyse soigneusement.

J'ai écrit un petit article contenant mes idées sur les réactions chimiques, et je l'ai soumis pour publication à une revue scientifique. Il a été rejeté, mais ensuite accepté par une autre revue [5]. Plus tard, des réactions chimiques chaotiques ont été observées, et ont en fait donné lieu à la première reconstruction explicite d'un attracteur étrange par un groupe de chimistes de Bordeaux [6].

Je viens de relater certains épisodes des débuts de la théorie du chaos, tels que je les ai vus et vécus. Quelques années plus tard, le chaos est devenu à la mode, et a été le sujet de conférences internationales. Puis le chaos a été promu à la dignité de *science non-linéaire* et divers instituts de recherche ont été créés pour l'étudier sous ce nouveau nom. De nouvelles revues scientifiques sont apparues, entièrement consacrées à la science non-linéaire. Le succès du chaos a pris les dimensions d'un événement médiatique, et l'on pourrait penser que les chercheurs travaillant dans ce domaine chantent et dansent dans les rues pour fêter leur triomphe. Certains chantent et dansent en effet, et d'autres pas. Je voudrais expliquer pourquoi.

Il me faut pour cela parler du rôle dévastateur des modes dans la science contemporaine, rôle plus important aux États-Unis qu'en France, plus important en physique qu'en mathématique, mais nulle part négligeable. Les modes agissent sur la sociologie et sur le financement de la science. Un sujet spécialisé (tel que le chaos, la théorie des cordes, ou les supraconducteurs à haute température critique) devient à la mode pour quelques années, après quoi on l'abandonne. Entretemps, le sujet a été envahi par des hordes de gens attirés non par les idées scientifiques mais par le succès et l'argent. L'atmosphère intellectuelle du sujet s'en ressent évidemment, et souvent de manière désastreuse.

Je donnerai seulement un petit exemple personnel de ce changement d'atmosphère. Après la publication de ma note sur les oscillations chimiques mentionnée plus haut, un collègue me dit : « Cet article a beaucoup de succès, j'ai essayé de le trouver à la bibliothèque de l'université, et il avait été coupé de la revue avec une lame de rasoir. » Cette affaire me sort de l'esprit jusqu'à ce que je reçoive un peu plus tard une lettre d'une autre bibliothèque universitaire concernant un autre article de moi [7] qui avait été mutilé en coupant la première page. Il s'agissait clairement cette fois-ci de rendre l'article inutilisable, et pas simplement d'en obtenir une copie bon marché.

Le genre de vandalisme dont je viens de parler reste exceptionnel, mais il est caractéristique d'une nouvelle situation. Le problème n'est plus de convaincre les collègues que vos idées controversées représentent la réalité physique. Le problème est de battre la concurrence par tous les moyens, et d'accéder ainsi à la notoriété... et aux crédits de recherche.

Revenons au succès qu'a eu la théorie du chaos. Ce succès a été bénéfique pour les mathématiques, où la théorie des systèmes dynamiques différentiables a profité des idées nouvelles sans dégradation de l'atmosphère de la recherche (la difficulté technique des mathématiques rend la tricherie difficile). En physique du chaos, malheureusement, le succès a été de pair avec un déclin de la production de résultats intéressants, et cela malgré les annonces triomphalistes de résultats fracassants. Quand les choses se seront un peu tassées, et que l'on appréciera sobrement la difficulté des problèmes qui se posent, alors peut-être verra-t-on paraître une nouvelle vague de résultats de haute qualité.

# 12

## *Le chaos : conséquences*

Beaucoup de travaux récents sur le chaos sont, comme je l'ai dit au chapitre précédent, de qualité inférieure. Et cela a indisposé nombre de scientifiques, en particulier parmi les mathématiciens qui avaient contribué de manière essentielle à la genèse du sujet. Que reste-t-il donc si l'on oublie les soi-disant découvertes sans base sérieuse, et la masse des calculs sans intérêt ? Eh bien il reste un ensemble remarquablement intéressant de concepts et de résultats dont je vais maintenant discuter quelques exemples, en essayant de montrer à quoi les idées nouvelles peuvent servir.

Souvenons-nous d'abord que les mathématiciens connaissent le phénomène de dépendance sensitive des conditions initiales depuis les travaux d'Hadamard à la fin du XIXe siècle (et cette connaissance n'a jamais été perdue). Cependant, les ordinateurs nous ont fourni des images d'attracteurs étranges que l'on n'attendait pas. Ces images, à la structure délicate et souvent très belle, sollicitent notre imagination, et posent aussi des problèmes mathématiques nouveaux et ardus qui tiennent les experts en haleine. J'aimerais parler plus à loisir de ce sujet fascinant, mais les questions dont il s'agit sont vraiment trop techniques pour être discutées ici. Et j'omettrai de même la discussion d'un bon nombre de problèmes techniques intéressants relatifs au chaos en physique et en chimie.

Revenons donc à notre point de départ : la turbulence des fluides. Les hydrodynamiciens aimeraient avoir une théorie de la *turbulence développée.* Ils rêvent d'un très grand récipient rempli de fluide turbulent. Ils rêvent aussi que l'on voit la même chose si l'on observe un mètre cube de fluide, ou si l'on observe un centimètre cube ! Plus précisément, si vous changez l'échelle de longueur, vous devriez voir la même chose que si vous changez l'échelle de temps de manière appropriée. On retrouve ici, comme dans l'étude de la cascade de Feigenbaum, cette idée *d'invariance d'échelle* qui joue un si grand rôle dans la physique moderne. La turbulence réelle satisfait-elle à l'invariance d'échelle ? Nous ne le savons pas. La théorie de Kolmogorov, qui est une bonne théorie approchée de la turbulence, est invariante d'échelle. Mais cette théorie ne peut pas être tout à fait correcte car elle suppose que la turbulence est spatialement homogène. Or on observe toujours dans un fluide turbulent de petites régions d'activité intense qui se détachent sur un fond relativement quiescent (ceci est vrai à toutes les échelles !). Les hydrodynamiciens continuent donc à chercher la théorie correcte qui rendra compte de l'inhomogénéité spatiale de la turbulence.

Les attracteurs étranges et le chaos ont clarifié le problème de l'apparition de la turbulence, mais pas le problème de la turbulence développée. Cependant, même si nous n'avons pas de vraie théorie de la turbulence, nous savons maintenant qu'une telle théorie doit nécessairement faire intervenir la dépendance sensitive des conditions initiales. Ainsi, dans une analyse moderne de la théorie de Kolmogorov on n'essayera plus d'identifier les *périodes* des modes, mais les *temps caractéristiques* de séparation de deux évolutions temporelles du système commençant avec des conditions initiales voisines. C'est là un progrès conceptuel important.

En suivant les idées d'Edward Lorenz, la météorologie a beaucoup profité de la notion de dépendance sensitive des conditions initiales. En fait, suivant Lorenz, le battement des ailes d'un papillon aura pour effet après quelque temps de changer complètement l'état de l'atmosphère terrestre (c'est ce que l'on a appelé l'« effet papillon »).

Maintenant que l'on a des vues prises par satellites qui nous montrent les nuages, il est relativement facile (connaissant la direction du vent) de prédire le temps qu'il va faire un jour ou deux à l'avance. Pour aller au-delà, les météorologistes ont introduit des modèles de *circulation générale de l'atmosphère.* L'idée est de couvrir la surface de la terre par un réseau de points, et d'identifier un certain nombre de paramètres météorologiques en chaque point du réseau (pression barométrique, température, etc). On simule ensuite l'évolution temporelle de ces données sur ordinateur. Les données initiales (c'est-à-dire les valeurs des paramètres météorologiques à un moment choisi comme moment initial) sont obtenues à partir d'observations terrestres, aériennes, et par satellite. L'ordinateur utilise ces données, la position connue des montagnes, et bien d'autres informations pour calculer la valeur des paramètres météorologiques à un temps ultérieur. On peut alors comparer les prédictions avec la réalité... La conclusion est qu'il faut à peu près une semaine pour que les erreurs deviennent inacceptables. Se pourrait-il que cela soit dû à la dépendance sensitive des conditions initiales ? Eh bien, si l'on refait les calculs avec des conditions initiales légèrement différentes, on trouve que les deux évolutions temporelles calculées divergent l'une de l'autre à peu près aussi vite qu'elles divergent de l'évolution temporelle que la nature elle-même réalise. Pour être honnête, il faut dire que l'évolution naturelle diverge d'une évolution calculée un peu plus vite que deux évolutions calculées ne divergent l'une de l'autre. Il y a donc quelques possibilités d'amélioration (du programme d'ordinateur, de la densité du réseau utilisé, et de la précision avec laquelle les données initiales sont estimées). Mais nous savons déjà que de toute façon nous ne pourrons pas prévoir avec précision le temps qu'il va faire plus d'une ou deux semaines à l'avance. Au cours de leurs analyses, les météorologistes ont trouvé certaines situations (dites de *blocage*) où le temps qu'il fera peut être prédit mieux que d'ordinaire. On a donc un certain contrôle de la préditibilité météorologique, ce qui est assez remarquable, tant conceptuellement que pratiquement.

Vous commencez peut-être à vous inquiéter de ce que quelque petit diable puisse tirer parti de la dépendance sensitive des conditions initiales et, par une manipulation imperceptible, n'arrive à déranger le cours soigneusement ordonné de votre existence. Je vais maintenant estimer combien de temps cela prendrait. Les estimations que je vais présenter sont, par la nature du sujet, un peu conjecturales et incertaines. Mais les discussions que j'ai pu avoir avec des collègues indiquent qu'elles ne sont sans doute pas très loin de la réalité.

Les forces de gravitation, qui vous attirent vers le centre de la terre, et qui attirent la Terre vers le Soleil, agissent aussi entre les molécules de l'air que nous respirons et toutes les autres particules de matière de l'univers. Notre petit diable, suivant une suggestion du physicien britannique Michael Berry, suspend pendant un instant l'attraction gravitationnelle exercée sur les molécules d'air par un seul électron situé quelque part à la limite de l'univers connu. Bien sûr vous ne vous rendez compte de rien. Mais se produit une infime déflection des trajectoires des molécules d'air, et cela constitue un changement de condition initiale. Nous traiterons les molécules d'air comme des billes élastiques, et nous concentrerons notre attention sur l'une d'entre elles. Après combien de collisions cette molécule (idéalisée comme bille élastique) va-t-elle éviter la rencontre avec une autre molécule qu'elle aurait heurtée si l'effet gravitationnel d'un électron éloigné n'avait pas été momentanément suspendu ? Michael Berry, en suivant un calcul plus ancien du mathématicien français Émile Borel, a montré qu'il suffirait d'une cinquantaine de collisions [1] ! Après une toute petite fraction de seconde, les collisions des molécules d'air sont donc devenues, dans leur détail, très différentes. Mais la différence n'est pas visible pour vous. Pas encore.

L'air dont il est question, nous pouvons le supposer en mouvement turbulent, il suffit pour cela qu'il y ait un peu de vent. S'il y a turbulence, il y a dépendance sensitive des conditions initiales, et celle-ci agira sur les fluctuations microscopiques comme celles créées par notre petit diable, et les fera croître. Le résultat, c'est qu'au bout d'une minute environ, l'interruption momentanée de l'effet gravitationnel d'un électron aux confins de l'univers a produit un effet macroscopique : les détails de la turbulence à l'échelle du millimètre ne sont plus exactement les mêmes. Mais vous ne vous rendez encore compte de rien. Pas encore.

Cependant, un changement de la structure de la turbulence à petite échelle produira, après un certain temps, un changement de la structure à grande échelle. Il y a des mécanismes pour cela, et on peut estimer le temps nécessaire en utilisant la théorie de Kolmogorov. (Comme je l'ai dit, cette théorie ne peut être tout à fait correcte, mais elle donnera tout au moins une idée raisonnable des ordres de grandeur.) Supposons que nous soyons dans une région turbulente de l'atmosphère (un orage serait excellent). On peut s'attendre alors à ce que les manipulations de notre petit diable aient produit au bout de quelques heures (ou une journée) un changement de la turbulence atmosphérique à l'échelle de plusieurs kilomètres. Ce changement est maintenant bien perceptible : les nuages ont une forme différente et le rythme des fluctuations du vent n'est plus le même. Mais peut-être direz-vous que cela ne change pas vraiment le cours soigneusement ordonné de votre existence. Pas encore.

Du point de vue de la circulation générale de l'atmosphère, ce que le petit diable a obtenu n'est encore qu'un changement de condition initiale assez insignifiant. Mais nous savons qu'après une semaine ou deux, le changement affectera l'ensemble de l'atmosphère de la planète [2].

Imaginons maintenant que vous avez organisé un pique-nique pendant le week-end avec votre petit(e) ami(e) ou votre patron(ne), peu importe. Vous avez tout juste étendu une belle nappe sur l'herbe, et voici que commence un orage de grêle et de pluie inattendu et réellement monstrueux, arrangé par le petit diable. Elle l'a obtenu par une soigneuse manipulation des conditions initiales (oui, j'ai oublié de dire que ce petit diable est une demoiselle). Êtes-vous convaincu maintenant que le cours soigneusement ordonné de votre existence puisse être altéré ? En fait l'idée du petit diable était de causer une catastrophe aérienne en détruisant un avion dans lequel vous aviez pris place, mais je l'en ai dissuadé, pour ne pas incommoder les autres passagers.

Revenons maintenant à l'application du chaos aux sciences naturelles. Chacun sait que la terre possède un champ magnétique qui agit sur les aiguilles des boussoles. De temps en temps ce champ magnétique change de polarité ; il y a donc des périodes où le pôle magnétique nord est près du pôle géographique sud, et vice versa. Les renversements du champ magnétique terrestre ont lieu irrégulièrement à des intervalles de l'ordre du million d'années. (On sait que ces renversements ont eu lieu parce qu'ils ont laissé des traces dans la magnétisation de certaines roches éruptives qui peuvent être datées.) Les géophysiciens admettent qu'il y a de lents mouvements de matière par convection à l'intérieur du globe terrestre. Ces mouvements donnent lieu à des courants électriques, et le champ magnétique observé est alors engendré par un *mécanisme dynamo* analogue à celui d'une génératrice électrique.

Cette étrange dynamo peut avoir une évolution temporelle chaotique, et cela rendrait compte des changements occasionnels qui ont eu lieu dans la polarité du champ magnétique terrestre. Nous n'avons pas, malheureusement, une théorie détaillée qui rendrait cette interprétation chaotique tout à fait certaine.

Une application à la fois belle et assez convaincante du chaos est due à Jack Wisdom et concerne les « trous » dans la ceinture d'astéroïdes qui circulent entre Mars et Jupiter. La ceinture est composée de nombreux petits corps célestes qui tournent autour du soleil. Mais à certaines distances du soleil, il n'y a pas d'astéroïdes, et ces « trous » dans la ceinture ont longtemps plongé dans la perplexité les étudiants de la mécanique céleste. Des théories ont été proposées, qui prédisent correctement la position des trous sur la base de mécanismes de *résonance* pas tout à fait clairs, mais qui prédisent aussi d'autres trous qui ne sont pas observés. L'explication correcte, basée sur des études détaillées par ordinateur, semble être la suivante. Les astéroïdes dans les régions résonnantes ont une orbite de forme chaotiquement variable. Pour certaines résonances, cette variation de forme amène l'astéroïde à croiser l'orbite de la planète Mars, ce qui entraîne une collision et la disparition de l'astéroïde. De cette manière, certaines régions résonnantes sont vidées et remplacées par des trous, alors que d'autres ne le sont pas. Pour décider si une région résonnante est vidée ou pas, on est conduit à faire une étude de dynamique chaotique assez difficile, et qui requiert l'usage d'un ordinateur [3].

Tournons-nous brièvement maintenant vers la biologie. Voici un domaine où l'on voit toutes sortes d'oscillations : des oscillations chimiques comme dans les expériences de Pye et Chance mentionnées plus haut, des rythmes circadiens (alternance quotidienne de périodes d'activité et de repos), les battements du cœur, les ondes électroencéphalographiques, etc. L'intérêt actuel pour les systèmes dynamiques a stimulé de nombreuses études, mais la précision qui peut être obtenue dans les expériences de biologie est bien moindre que celle que l'on atteint en physique ou en chimie, et leur interprétation est donc moins certaine. S'il y a du chaos, peut-il être utile ? Ou n'est-ce qu'un symptôme pathologique ? Les deux idées ont été proposées dans le cas du rythme cardiaque. Clairement, c'est une bonne idée d'étudier les systèmes biologiques comme des systèmes dynamiques, et cette idée a inspiré certains travaux excellents. Mais beaucoup d'études sont publiées dont on ne peut rien extraire d'utile, et il semble que l'on doive encore attendre pour qu'émergent des résultats solides sur le chaos biologique.

Je voudrais conclure ce chapitre par quelques considérations générales qui montrent pourquoi il est difficile d'analyser le chaos en biologie, en écologie, en économie, et dans les sciences sociales. L'étude quantitative du chaos dans un système nécessite une compréhension quantitative de la dynamique de ce système. Cette compréhension est souvent basée sur une bonne connaissance des équations d'évolution temporelle du système, qui peuvent alors être intégrées avec précision sur ordinateur. Cette situation prévaut en astronomie du système solaire, en hydrodynamique, et même en météorologie. Dans d'autres cas, tel celui des réactions chimiques oscillantes, on ne connaît pas les équations exactes d'évolution temporelle, mais on peut obtenir expérimentalement des enregistrements longs et précis appelés séries temporelles. A partir de ces séries temporelles, on peut reconstruire la dynamique si elle est suffisamment simple (ce qui est le cas pour les réactions chimiques oscillantes, mais pas pour la météorologie). En biologie et dans les sciences « molles », on ne connaît pas de bonnes équations d'évolution temporelle (des modèles qui donnent un accord qualitatif ne suffisent pas). En outre, il est difficile d'obtenir de longues séries temporelles de bonne précision, et enfin la dynamique n'est pas simple en général. Il faut voir aussi que dans beaucoup de cas (écologie, économie, sciences sociales), même si l'on arrivait à écrire des équations d'évolution temporelle, ces équations devraient changer lentement avec le temps, parce que le système « apprend » et change de nature. Pour de tels systèmes, donc, l'impact du chaos reste au niveau de la philosophie scientifique plutôt qu'au niveau de la science quantitative [4]. Le progrès est cependant possible ; rappelons-nous que les considérations de Poincaré sur la préditibilité en météorologie n'étaient rien de plus que de la philosophie scientifique, alors que ce domaine fait maintenant partie de la science quantitative.

# 13

# *Économie*

Nous nous sommes intéressés dans les chapitres précédents à des évolutions temporelles déterministes. Nous avons vu que, si l'on change un peu l'état initial d'un système, la nouvelle évolution temporelle peut diverger rapidement (exponentiellement) de l'évolution originale jusqu'à ce que les deux n'aient plus rien à voir l'une avec l'autre : c'est le phénomène de *dépendance sensitive des conditions initiales.* Ce phénomène ne requiert pas un état initial particulier (comme un équilibre instable), mais peut avoir lieu pour une classe étendue d'états initiaux, et l'on parle alors de *chaos.* La prédiction du comportement futur d'un système chaotique est, par définition, sévèrement limitée, quoique le système soit déterministe. Les études de ces dernières années, en particulier les simulations sur ordinateur, ont montré que beaucoup de phénomènes naturels donnent lieu à des évolutions temporelles chaotiques. Nous aimerions donc voir, au moins qualitativement, quel rôle joue le chaos en économie, en sociologie, et dans l'histoire de l'humanité. Les problèmes qui relèvent de ces disciplines nous touchent souvent de plus près, en effet, que la circulation des astéroïdes entre Mars et Jupiter, ou même les prévisions météorologiques. Mais l'analyse de ces problèmes sera nécessairement un peu imprécise et qualitative. Pour nous préparer à cette analyse, nous allons maintenant passer en revue quelques questions de principe.

Revenons tout d'abord aux manipulations du petit diable du chapitre dernier. Vous vous dites peut-être qu'il est totalement impossible de suspendre l'attraction gravitationnelle entre des particules, même pour une fraction de seconde, et même si les particules sont très éloignées l'une de l'autre. Vous pouvez estimer aussi que l'univers dans lequel nous vivons est le seul univers possible, et qu'il est sacrilège et inconcevable d'y faire aucun changement, que cela n'a simplement aucun sens. Mais il faut bien comprendre que notre discussion ne concerne qu'une *idéalisation* de notre univers. Dans cette description idéalisée, une modification initiale d'une petitesse absurde donne lieu, après quelques semaines, à des changements considérables. C'est là au moins une conclusion importante quant à notre contrôle intellectuel de la façon dont l'univers évolue.

Dans quels systèmes trouve-t-on des évolutions temporelles chaotiques ? Supposons que vous ayez un modèle d'évolution temporelle correspondant à un système naturel qui vous intéresse. Comment savoir si ce modèle présente une dépendance sensitive des conditions initiales ? Si l'évolution temporelle du modèle peut être intégrée sur un ordinateur, c'est certainement la chose à faire pour voir si vous avez, ou non, du chaos. A part cela, il n'y a malheureusement que des critères assez vagues. Pour décrire ces critères, je vais retourner pour un moment à l'utilisation des *modes* que nous avons déjà longuement discutés. S'il y a plusieurs modes qui oscillent indépendamment, nous savons que l'évolution temporelle correspondante n'est pas chaotique. Introduisons maintenant un *couplage*, ou *interaction*, entre les différents modes. Cela veut dire que l'évolution de chaque mode, ou oscillateur, est déterminée à chaque instant non seulement par l'état de cet oscillateur, mais aussi par l'état des autres oscillateurs. Dans quels cas le chaos va-t-il apparaître ? Eh bien, *au moins trois oscillateurs sont nécessaires* pour que leur couplage produise du chaos. En outre, *plus il y a d'oscillateurs, et plus il y a de couplage, entre eux, plus on peut s'attendre à voir du chaos.*

Plus généralement, pour la sorte de systèmes dynamiques que nous considérons (systèmes à temps continu), on ne peut avoir d'évolution temporelle chaotique que dans un espace d'au moins 3 dimensions. C'est un théorème vérifié, par exemple, par l'attracteur chaotique de Lorenz qui se trouve bien dans un espace tridimensionnel. Par ailleurs, si l'on introduit des interactions entre des systèmes indépendants, on rend la présence du chaos plus probable, surtout si les interactions sont fortes (elles ne doivent pas être trop fortes). C'est certainement une assertion assez vague, mais utile en pratique.

Le point que nous allons maintenant discuter mérite réflexion. Même si un système présente le phénomène de dépendance sensitive des conditions initiales, cela ne signifie pas qu'on ne puisse rien prédire du futur de ce système. Isoler, sur un fond de chaos, ce qui peut être prédit est un problème difficile et important, et qui est malheureusement loin d'être résolu. Pour aborder ce problème, on est réduit, faute de mieux, à utiliser le bon sens. Notons en particulier que les êtres vivants ont une aptitude remarquable à s'adapter aux changements du milieu ambiant par des mécanismes régulateurs. On peut ainsi faire de meilleures prédictions à leur sujet que ne le suggère le chaos environnant. Je puis, par exemple, prédire que votre température corporelle est aux environs de 37° C, ni beaucoup au-dessous, ni beaucoup au-dessus, sans quoi vous ne liriez pas ce livre.

Encore une dernière remarque générale : la théorie habituelle du chaos traite d'évolutions temporelles récurrentes, c'est-à-dire que le système retourne inlassablement à des états proches d'états déjà visités dans le passé. Cet « éternel retour » ne se présente en général que pour des systèmes modérément complexes. L'évolution historique des systèmes très complexes est par contre typiquement à sens unique : l'histoire ne se répète pas. Pour ces systèmes très complexes et sans récurrence, on a généralement dépendance sensitive des conditions initiales, mais le problème se pose de savoir si celle-ci est limitée par des mécanismes régulateurs, ou si elle donne lieu à des effets importants à long terme.

Tournons-nous maintenant avec assurance (ou peut-être témérité) vers les problèmes de l'économie : peut-on isoler des évolutions temporelles intéressantes, modérément complexes et peut-être chaotiques ? Pour éclairer notre lanterne, nous allons examiner un scénario de développement économique suivant les idées des systèmes dynamiques, puis nous discuterons ce scénario de manière critique. L'idée du scénario est de mettre en parallèle d'une part, l'économie d'une communauté à divers stades de développement technologique, et d'autre part, un système physique dissipatif soumis à divers niveaux de forces extérieures. Le système dissipatif sera, par exemple, une couche de fluide visqueux chauffée par en dessous et le niveau des forces extérieures est le niveau de chauffage. Bien entendu on ne peut espérer qu'une ressemblance qualitative entre le système économique et le système physique.

A de faibles niveaux de développement technologique, on peut penser que l'économie est dans un état stationnaire correspondant à l'état stationnaire d'une couche de fluide soumise à un faible chauffage. (Un état stationnaire est indépendant du temps, c'est donc un état assez inintéressant du point de vue de la dynamique.) A des niveaux plus élevés de développement technologique, ou de chauffage, on peut s'attendre à voir des oscillations périodiques. Effectivement, des *cycles économiques* approximativement périodiques ont été observés. A des niveaux encore plus élevés de développement technologique, on pourrait avoir une superposition de deux ou trois périodicités différentes, et les analystes économiques ont vu de telles choses. Enfin, à des niveaux suffisamment élevés de développement, il devrait y avoir une économie turbulente, avec des variations irrégulières, et une dépendance sensitive des conditions initiales. Il n'est pas déraisonnable d'affirmer que nous vivons à l'heure actuelle dans une telle économie.

Assez convaincant, n'est-ce pas ? Qualitativement, oui. Mais si l'on essaye de faire une analyse plus quantitative, on bute tout de suite sur le fait que les cycles et autres fluctuations de l'économie ont lieu sur un fond général de *croissance*. Il y a une évolution historique à sens unique que l'on ne peut oublier. D'ailleurs les cycles économiques ont leur caractère historique : chacun est différent, on n'assiste pas simplement à la répétition monotone du même phénomène dynamique. Si l'on essaye de donner une interprétation dynamique des phénomènes économiques, les idées de John M. Keynes et de ses successeurs viennent à l'esprit. Cependant la plupart des économistes estiment maintenant que ces idées, par ailleurs très intéressantes, ont une valeur prédictive limitée. En d'autres termes, l'économie (et plus précisément la macroéconomie) ne peut pas être analysée de manière convaincante comme système dynamique modérément complexe, même si elle ressemble à un tel système par certains caractères.

Je pense cependant que notre scénario n'est pas complètement faux, et que sa valeur n'est pas simplement métaphorique. Pourquoi ? Parce que nous n'avons pas utilisé des propriétés très subtiles des systèmes dynamiques, mais au contraire des faits de base robustes. Un tel fait est qu'un système complexe, c'est-à-dire un système composé de plusieurs sous-systèmes interagissant fortement, a plus de chances d'avoir une évolution temporelle compliquée qu'un système simple. Ceci devrait en particulier s'appliquer aux systèmes économiques, et le développement technologique est une façon d'exprimer la complexité. Un autre fait de base est que le type le plus simple d'évolution temporelle est un état stationnaire : il n'y a pas de dépendance du temps, le système reste constamment semblable à lui-même. Si nous considérons des systèmes avec « éternel retour », les évolutions temporelles non stationnaires les plus simples sont les oscillations périodiques. Ensuite viennent les superpositions de deux ou plusieurs oscillations (ou modes), et enfin le chaos. Si l'on arrive à soustraire le fond de croissance économique générale, on peut espérer que ces remarques s'appliquent aux systèmes économiques. Notre scénario, même s'il a peu de valeur quantitative, peut donc être raisonnable qualitativement. Nous allons maintenant examiner une de ses conséquences.

Une idée maîtresse de la sagesse économique est que la liberté du commerce et la suppression des barrières économiques est à l'avantage de tous. Supposons que le pays A et le pays B produisent tous deux des brosses à dents et de la pâte dentifrice pour leur consommation intérieure. Supposons aussi que le climat du pays A est plus favorable à la croissance et à la récolte des brosses à dents, tandis que le pays B a de riches gisements d'excellente pâte dentifrice. Si une économie de libre échange est instaurée, le pays A produira des brosses à dents peu coûteuses, le pays B produira de la pâte dentifrice peu coûteuse, et ces produits seront échangés entre les deux pays pour le plus grand bénéfice de chacun. Plus généralement, les économistes montrent (sous certaines conditions) qu'une économie de libre échange conduira à un équilibre optimal pour les producteurs de divers biens économiques. Mais ce qui est préconisé, c'est en fait la création d'un système économique complexe obtenu en couplant diverses économies locales. Et cela, comme nous l'avons vu, risque de donner lieu à une évolution temporelle compliquée, chaotique, plutôt qu'à un équilibre agréable. (Techniquement, les économistes permettent qu'un « équilibre » soit un état dépendant du temps, mais pas qu'il ait un futur imprédictible.) Si nous revenons aux pays A et B, on voit qu'en couplant leurs économies, et en les liant aux économies des pays C, D, etc., on peut créer une situation instable qui donnera lieu à des oscillations économiques incontrôlées. Cela risque de nuire à l'industrie de la brosse à dents et de la pâte dentifrice, avec pour conséquence d'innombrables caries dentaires. Entre autres choses donc, le chaos contribue aux maux de tête des économistes.

Je vais dire les choses un peu plus brutalement. Les traités d'économie discutent en détail les situations d'équilibre entre agents économiques capables de prévoir exactement le futur. Ces traités peuvent donner l'impression que le rôle des législateurs et des officiels responsables est de trouver et d'implémenter un équilibre particulièrement favorable à la communauté. Les exemples de chaos en physique nous enseignent cependant que certaines situations dynamiques, au lieu de conduire à un équilibre, donnent lieu à une évolution temporelle chaotique et imprévisible. Les législateurs et les officiels responsables doivent donc faire face à la possibilité que leurs décisions, censées produire un meilleur équilibre, produiront en fait des oscillations violentes et imprévisibles, avec des effets peut-être désastreux. La complexité des économies modernes encourage un tel comportement chaotique, et notre compréhension théorique dans ce domaine reste très limitée.

Il y a peu de doute, à mon avis, que l'économie et la finance fournissent des exemples de chaos et d'impréditibilité (au sens technique). Mais il est difficile d'en dire plus parce qu'on n'a pas ici la sorte de systèmes bien contrôlés avec lesquels les physiciens font leurs expériences. Des événements extérieurs, que les économistes appellent *chocs*, ne peuvent être négligés. Des efforts sérieux ont été faits pour analyser des données financières (qui sont mieux connues que les données économiques) dans l'espoir d'isoler un système dynamique modérément compliqué. Ces efforts, à mon avis, se sont révélés vains. Nous nous trouvons donc dans une situation irritante où nous voyons des évolutions temporelles semblables à celles des systèmes physiques chaotiques, mais cependant suffisamment différentes pour que nous ne puissions pas les analyser [1].

# 14

# *Évolutions historiques*

Ce sont les évolutions temporelles avec « éternel retour » qui constituent le domaine naturel d'application des idées du chaos. Pour ces évolutions, le système revient inlassablement près des mêmes situations. Autrement dit, si le système est dans un certain état à un certain moment, il reviendra arbitrairement près de cet état à un moment ultérieur.

L'éternel retour s'observe dans l'évolution temporelle de systèmes modérément compliqués, mais pas dans l'évolution de systèmes très compliqués. Pourquoi ? L'expérience que je vous suggère maintenant va le montrer. Prenez une puce et placez-la sur une case de votre choix d'un damier entouré d'une barrière (pour empêcher la puce de s'échapper). Votre puce va se mettre à sauter activement dans tous les sens, et repassera au bout d'un certain temps par la case de départ. C'était le cas d'un système modérément compliqué. Prenez maintenant cent puces et donnez à chacune un nom, ou collez-lui un numéro. Mettez une puce sur chaque carré du damier, puis observez-les. Combien de temps devrez-vous attendre pour revoir toutes les puces simultanément dans les cases dont elles sont parties ? L'intuition et le calcul montrent qu'il faudra un temps si énorme qu'on ne verra jamais la chose se produire. On ne verra jamais toutes les puces revenir simultanément aux positions qu'elles occupaient à un moment antérieur ; pendant une période d'observation raisonnable on ne verra pas deux fois la même configuration de puces.

Si vous n'avez pas cent puces à votre disposition, vous pourrez faire une simulation sur ordinateur, avec des hypothèses convenables quant à la façon dont les puces sautent d'une case à l'autre. (Nous ne discuterons pas ici des hypothèses convenables à choisir.) Après avoir bien observé vos cent puces, vous pourrez écrire un article technique relatant les résultats de votre étude, avec le titre « Une nouvelle théorie de l'irréversibilité ». Et vous voudrez sans doute publier votre article dans une revue de physique. La modestie n'étant pas payante, vous commencerez votre article par une phrase du genre « nous avons découvert un mécanisme complètement nouveau pour expliquer l'irréversibilité, etc. » et vous soumettrez votre prose pour publication au *Physical Review,* la grande revue américaine de physique. Bien entendu votre article sera refusé, et vous recevrez copie de trois rapports de referees disant que cela ne vaut rien, et expliquant pourquoi. Ne vous laissez pas abattre, récrivez votre article en tenant compte des remarques des referees et resoumettez-le. Joignez une lettre modérément indignée aux éditeurs indiquant les contradictions entre les rapports des différents referees. Il y aura encore quelques aller et retour de votre manuscrit, et vous serez peut-être responsable de quelques ulcères d'estomac, mais n'abandonnez jamais. A la longue votre article sera accepté et publié dans le *Physical Review* et alors, si vous ne l'étiez pas déjà avant, vous serez devenu un vrai physicien.

Mais revenons maintenant à l'éternel retour. Pourquoi le mot *irréversibilité* est-il apparu ? Eh bien, si vous aimez l'idée d'éternel retour, le monde qui nous entoure est bien décevant :

la vaisselle se casse et les morceaux ne se remettent pas ensemble, les gens vieillissent et ne rajeunissent pas, et d'une manière générale, le monde d'aujourd'hui est différent de ce qu'il était naguère. En bref, le monde se comporte irréversiblement. Et une partie de l'explication est simplement ceci : si un système est suffisamment compliqué, le temps qu'il lui faut pour retourner à un état déjà visité est énorme (pensez aux cent puces sur le damier). Si vous observez le système pendant un temps qui n'est que modérément long, il n'y aura pas d'éternel retour, et il vaut mieux que vous choisissiez une autre idéalisation.

Supposons par exemple que vous retourniez à vos cent puces, et que vous les placiez initialement toutes dans la même case. Elles vont se mettre à sauter dans tous les sens et occuperont bientôt la surface entière du damier. Vous pourrez proposer une théorie suivant laquelle les puces tendent à occuper uniformément l'espace mis à leur disposition. C'est une assez bonne théorie, bien qu'elle ne prenne pas en compte l'éternel retour, et bien que les puces n'aient en fait aucune envie d'occuper uniformément le damier. Tout ce qu'elles veulent, c'est sauter dans tous les sens.

Si maintenant nous observons le monde compliqué qui nous entoure, si nous étudions l'évolution de la vie ou l'histoire de l'humanité, nous ne nous attendons pas à voir d'éternel retour. On verra peut-être l'éternel retour pour des aspects particuliers du monde, ou de petits sous-systèmes, mais pas pour l'évolution d'ensemble. Celle-ci poursuit un développement historique à sens unique, pour lequel il nous manque actuellement une idéalisation mathématique utile. (Il y a certaines idées intéressantes cependant, que nous discuterons par la suite.) Revenons maintenant au thème principal de ce livre, le hasard. Nous allons essayer de voir combien le développement historique du monde peut être affecté par d'infimes changements de condition initiale comme ceux dont s'est rendu coupable le petit diable d'un chapitre précédent. Plusieurs points requièrent une discussion soigneuse, et nous allons les examiner l'un après l'autre.

Comme nous l'avons vu, notre petit diable n'aura aucun mal à changer le temps qu'il fait, et à souffler les grains de pollen ou les fruits de pissenlit dans une direction ou dans une autre. Le sort de chaque plante particulière est, dans ce sens, l'œuvre du hasard. Qu'en est-il des animaux ? Eh bien, comme vous le savez sans doute, l'origine de chaque individu fait intervenir un grand nombre de petits spermatozoïdes dont un seul, à la suite d'une sorte de course, s'unit au gamète femelle. Je vous laisse le soin de réfléchir aux détails du problème, mais je pense que vous arriverez à une conclusion affligeante. A savoir que les manipulations du petit diable sont responsables de ce que vous avez été appelé à exister, plutôt qu'un petit frère ou une petite sœur avec une constitution génétique un peu différente.

Mais même si les individus sont différents, l'aspect d'ensemble des choses peut rester fort semblable. On peut prédire avec assurance que, sous un certain climat, un certain type de sol sera couvert par une forêt de chênes, quoiqu'on ignore où sera chaque arbre. En bref, il existe de nombreux mécanismes de régulation biologique, de convergence évolutive et de nécessité historique qui tendent à effacer les excentricités commises par notre petit diable. Quelle est l'efficacité de ces mécanismes ? Conduisent-ils au déterminisme historique, c'est-à-dire au déterminisme à l'échelle des grands groupes d'individus ?

Peut-être vaut-il mieux parler de déterminisme historique partiel, car certains événements fortuits tels qu'en organise notre petit diable ne sont pas effacés par l'évolution subséquente, mais au contraire fixés, semble-t-il, pour toujours. Prenons un exemple. Tous les organismes vivants connus sont apparentés, et utilisent essentiellement le même *code génétique.* Plus précisément, l'information génétique est écrite comme une suite de symboles (ou *bases*) qui sont les éléments d'un alphabet de quatre lettres, et chaque groupe de trois bases consécutives désigne (en principe) un aminoacide qui entre dans la constitution d'une protéine. Vingt aminoacides différents peuvent être désignés, et le code génétique associe à chaque triplet de base un des vingt aminoacides. Ce codage est apparemment arbitraire. Si une forme de vie entièrement nouvelle se développait sur une autre planète, on ne s'attendrait pas à ce qu'elle fasse usage du même code génétique. La structure des êtres vivants qui peuplent la terre a changé considérablement au cours de l'évolution, par mutation et sélection. Mais le code génétique est tellement fondamental qu'il est resté essentiellement le même de la bactérie à l'homme. Sans doute, lors des premiers pas hésitants de la vie, y a-t-il eu une évolution du code génétique. Mais quand un système efficace est apparu, il a éliminé les autres et a survécu seul.

L'exemple que je viens de discuter montre comment une caractéristique arbitraire peut être choisie par l'évolution historique, puis rester immuablement fixée par la suite. Il y a d'autres exemples. L'évolution technologique, en particulier, montre de nombreux cas où des choix accidentels ont des effets à long terme qui sont essentiellement irréversibles. Brian Arthur [1] a discuté un certain nombre de situations de ce genre. Ainsi, il remarque que les premières automobiles avaient soit un moteur à combustion interne, soit un moteur à vapeur, avec des succès comparables. Une pénurie d'eau accidentelle a eu des effets défavorables sur les moteurs à vapeur. A partir de là, les moteurs à combustion interne ont bénéficié de plus d'intérêt, et d'un développement technologique plus rapide de sorte qu'ils ont supplanté les moteurs à vapeur. Il est un peu difficile, évidemment, de prouver une telle théorie. Mais l'idée de base de Brian Arthur est incontestablement correcte : si deux technologies sont en compétition, et que l'une bénéficie d'un avantage fortuit qui lui permette un développement plus rapide, la disparité augmentera et bientôt la technologie désavantagée sera purement et simplement éliminée. (Cela rappelle la dépendance sensitive des conditions initiales mais du point de vue mathématique, il s'agit d'autre chose.) D'une manière générale, il est clair que des décisions assez arbitraires, comme celle de conduire du côté gauche ou du côté droit de la route, ne sont pas faciles à changer.

Le déterminisme historique doit donc être corrigé (au moins) par la remarque que certains événements ou choix qui ne peuvent être prédits ont des conséquences importantes. Je pense qu'en fait on peut dire plus. Je pense que *l'histoire engendre systématiquement des événements qui ne peuvent être prédits et qui ont d'importantes conséquences à long terme.* N'oublions pas, en effet, que souvent une décision cruciale est prise par un seul homme, un personnage politique qui, fréquemment, agit de manière prévisible sous les pressions du moment. Mais si ce personnage politique est intelligent et agit rationnellement, la théorie des jeux (comme nous l'avons vu au chapitre 6) le forcera souvent à introduire un élément de hasard dans sa décision. Je ne dis pas, bien entendu, que toute espèce de comportement erratique soit rationnelle. Mais dans une situation de conflit, le comportement rationnel est souvent erratique d'une manière bien déterminée. Les décisions qui façonnent l'histoire, quand elles sont prises rationnellement, font donc souvent intervenir un élément aléatoire, imprédictible.

Cela ne signifie pas que le chef du gouvernement puisse expliquer au public qu'il a pris une décision importante en jouant à pile ou face. Peut-être est-ce précisément ce qu'il a fait, et peut-être était-ce la manière rationnelle d'agir. Mais il devra trouver autre chose à raconter aux journalistes, et leur prouver qu'en fait il n'y avait pas d'alternative raisonnable à sa décision. Les chefs politiques et militaires d'autrefois avaient moins d'inhibitions, et introduisaient un élément aléatoire dans leurs décisions en consultant des oracles. Bien entendu, une foi aveugle dans les oracles est fort stupide et conduit assez facilement à des conséquences désastreuses. Mais l'usage habile de l'imprédictibilité oraculaire par un chef intelligent a pu être une bonne manière de réaliser une stratégie probabiliste optimale.

# 15

## *Les quanta : cadre conceptuel*

Nous venons de passer plusieurs chapitres à discuter de la dépendance sensitive des conditions initiales et du chaos. Nous avons fait usage pour notre discussion d'une certaine idéalisation de la réalité, appelée mécanique classique et largement due à Newton. J'ai mentionné plusieurs fois l'existence d'une meilleure idéalisation, la mécanique quantique, dont l'origine est liée aux noms de Max Planck, Albert Einstein, Niels Bohr, Louis de Broglie, Max Born, Werner Heisenberg, Erwin Schrödinger, et bien d'autres. Pour certains aspects de la réalité (ceux surtout qui font intervenir de petits systèmes, comme les atomes), la mécanique classique est inadéquate, et doit être remplacée par la mécanique quantique. Mais pour la vie courante, la mécanique newtonienne est tout à fait satisfaisante, et nous ne devons donc pas changer notre discussion du chaos à ce niveau-là.

L'usage de la mécanique quantique dans la description du monde présente, du point de vue philosophique, un intérêt tout particulier. En effet, le *hasard* joue en mécanique quantique un rôle essentiel, comme je vais essayer de le montrer.

Comme les autres théories physiques, la mécanique quantique comporte une partie mathématique, et une partie opérationnelle qui indique comment un certain morceau de réalité physique est décrit par les mathématiques. Tant l'aspect opérationnel que l'aspect mathématique peuvent être présentés clairement et ils ne donnent lieu à aucun paradoxe logique. En outre, l'accord entre la théorie et l'expérience est extrêmement satisfaisant. Et pourtant la nouvelle mécanique a donné lieu à de nombreuses controverses qui font intervenir ses aspects probabilistes, la relation de ses concepts opérationnels avec ceux de la mécanique classique, et aussi quelque chose que l'on appelle la *réduction des paquets d'ondes.* Ces controverses ne sont pas complètement éteintes, et le caractère un peu technique des mathématiques qui interviennent complique la discussion.

Que vous ayez ou non étudié la mécanique quantique, je vous recommande la lecture du petit livre de Richard Feynman appelé *QED* [1]. Ce livre présente une vue profonde de la structure conceptuelle de la mécanique quantique sans faire appel à des mathématiques difficiles. Ici je serai plus modeste et je ne ferai voir qu'un squelette de la théorie. Le squelette en question n'a rien de très drôle, et je ne m'y attarderai pas, mais un minimum de présentation est nécessaire pour comprendre comment le hasard se manifeste dans la nouvelle mécanique.

Rappelons-nous qu'en mécanique classique, les positions et les vitesses apparaissaient comme notions de base, et que l'évolution temporelle de ces positions et vitesses était régie par l'équation de Newton. Nous avons aussi considéré des théories probabilistes, où les objets de base sont des probabilités, et nous aurions pu introduire des lois d'évolution temporelle de ces probabilités. La mécanique quantique a des objets de base appelés *amplitudes* (ou *amplitudes de probabilité,* nous verrons pourquoi dans un moment). Ces amplitudes sont des nombres complexes, qui remplacent ici les nombres réels plus familiers [2]. La partie mathématique de la mécanique quantique décrit l'évolution temporelle des amplitudes : l'équation d'évolution s'appelle l'équation de Schrödinger. Du point de vue mathématique, cette équation est sans grand mystère mais assez technique, et nous ne pouvons ici lui consacrer qu'une note [3]. Remarquons que les amplitudes ont une évolution temporelle déterministe. La partie mathématique de la mécanique quantique contient aussi des objets appelés *observables*. Du point de vue technique, ce sont des *opérateurs linéaires*, et leur caractère abstrait a beaucoup impressionné les premiers physiciens qui les ont utilisés. Enfin, étant donné une observable, que nous appellerons A, et un ensemble d'amplitudes, on peut calculer un nombre appelé *valeur moyenne* de A, et que nous noterons par $< A >$ [4].

En résumé, la mécanique quantique nous dit comment les amplitudes évoluent au cours du temps, et aussi comment ces amplitudes permettent de calculer la valeur moyenne $< A >$ d'une observable A.

Et quelle est la relation de ces concepts mathématiques avec la réalité physique ? Je vais supposer, pour être un peu concret, que vous êtes un expérimentateur, et que votre domaine est la physique des particules : vous accélérez des particules à très haute énergie, vous les envoyez sur une cible, et vous observez ce qui en sort. Vous avez entouré la cible d'un certain nombre de détecteurs I, II, III, etc., et un détecteur se déclenchera si une particule d'espèce convenable le frappe au moment convenable. (L'espèce convenable veut dire la bonne charge, la bonne énergie, etc., le moment convenable veut dire que, par exemple, le détecteur II est activé seulement après déclenchement du détecteur I, et pour un intervalle de temps limité.) Vous décidez d'appeler *événement* A *la situation où* I et II se déclenchent, alors que III ne se déclenche pas. (L'événement A est la signature d'un type particulier de collision que vous pensez observer dans votre expérience.)

Vous allez maintenant consulter les Saintes Écritures de

la mécanique quantique, et celles-ci vous diront quelle observable correspond à l'événement A. (Les événements apparaissent donc comme une variété particulière d'observable.) Les Saintes Écritures vous diront aussi comment calculer les amplitudes correspondant à votre expérience. Vous pourrez alors estimer $<A>$. Et maintenant, un dogme fondamental de la foi quantique affirme que $<A>$ est la probabilité que l'événement A se réalise. Plus précisément, si vous répétez votre expérience un grand nombre de fois, la proportion des cas où tous les détecteurs se déclencheront comme requis est $<A>$. Ceci fournit la relation entre les mathématiques de la mécanique quantique, et la réalité physique définie opérationnellement.

Notons en passant que certains chapitres des Saintes Écritures de la mécanique quantique n'ont pas encore été écrits, ou tout au moins pas de manière définitive. En d'autres termes, nous ne connaissons pas de manière certaine tous les détails des interactions entre particules, et c'est pourquoi les physiciens continuent à expérimenter.

Nous développerons dans la suite une certaine intuition physique de la mécanique quantique, mais la description schématique que je viens de présenter suffira pour la discussion des problèmes de base. Je rappelle que nous étudions un processus physique (par exemple une collision entre particules) en faisant un certain nombre de mesures (par exemple en utilisant des détecteurs). L'ensemble des mesures faites définit un événement, et la mécanique quantique nous permet de calculer la probabilité de celui-ci. (L'idée de mesure n'a rien de magique : si vous voulez savoir ce qui se passe dans un détecteur, vous pouvez l'entourer d'autres détecteurs, faire des mesures et calculer les probabilités correspondantes par la mécanique quantique.) De cette manière, nous obtenons une description du monde qui est profondément différente de celle qui est donnée par la mécanique classique, mais qui ne donne lieu à aucun paradoxe logique.

S'il vous plaît de dire que la mécanique quantique est déterministe, elle l'est : l'équation de Schrödinger prédit sans ambiguïté l'évolution temporelle des amplitudes de probabilité. Si vous préférez dire que la mécanique quantique est probabiliste, vous pouvez : les seules assertions physiques concernent des probabilités. (Ces probabilités valent parfois 0 ou 1, et l'on a alors la certitude, mais ce n'est habituellement pas le cas.)

Quoique la mécanique quantique soit probabiliste, ce n'est pas une théorie probabiliste au sens usuel discuté dans le chapitre 3. Pour être plus précis, rappelons que quand des événements « A » et « B » sont définis dans une théorie probabiliste ordinaire, un événement « A et B » est aussi défini (avec la signification intuitive que « A et B » a lieu si « A » a lieu et que « B » aussi a lieu). En mécanique quantique, « A et B » n'est en général pas défini : on ne fait pas référence à « A et B » dans les Saintes Écritures de la mécanique quantique. C'est bien sûr très irritant : pourquoi ne pas dire simplement que « A et B » a lieu si « A » a lieu, et que « B » a lieu aussi ? Il y a une double réponse à cette question : mathématique, et physique opérationnelle. Physiquement, ce qui se passe c'est qu'on ne peut pas disposer des détecteurs qui mesureraient à la fois « A » et « B » (c'est-à-dire qui vérifieraient en même temps si « A » a lieu et si « B » a lieu). Vous pouvez essayer de mesurer d'abord « A » puis « B » ou d'abord « B » puis « A », mais les réponses en général sont différentes ! On exprime souvent cela en disant que la première mesure perturbe la seconde. Cette interprétation intuitive, sans être vraiment fausse, est néanmoins un peu trompeuse : elle suggère que l'événement « A et B » a en fait un sens, mais que nous sommes trop maladroits pour l'observer expérimentalement. La théorie mathématique de la mécanique quantique est par contre sans ambiguïté : « A et B » n'a pas de sens en général parce que les observables A et B ne commutent pas [5].

Tout ce que nous venons d'affirmer concernant les événements quantiques est un peu abstrait. Que pouvons-nous dire à propos d'une particule se déplaçant le long d'une ligne droite ? Suivant la mécanique classique, tout ce que l'on désire connaître c'est la position x et la vitesse v de la particule. Qu'en est-il en mécanique quantique ? Supposons que notre particule est décrite par certaines amplitudes de probabilité. En étudiant les événements « x est ici » ou « x est là », on peut déterminer les probabilités de trouver la particule à divers endroits. (Il se trouve que ces divers événements concernant x sont des observables qui commutent, et qui peuvent donc être observées simultanément.) Résumons les résultats de notre étude en disant que la particule est près du point $x_0$, mais qu'il y a une certaine incertitude (ou erreur probable) $\Delta_x$ sur sa position. De même, nous pouvons résumer la description probabiliste de la vitesse de la particule en disant qu'elle est proche de $v_0$, avec une incertitude $\Delta_v$. Si les amplitudes de probabilité décrivant une particule étaient telles que $\Delta_x$ et $\Delta_v$ s'annulent toutes deux, alors la position et la vitesse seraient parfaitement bien définies. Mais ceci est impossible parce que les observables « x » et « v » ne commutent pas, et Werner Heisenberg a démontré en 1926 que

$$m\,\Delta_x.\,\Delta_v \geq h/4\pi$$

où m est la masse de la particule, $\pi = 3.14159...$ et h est une quantité très petite appelée *constante de Planck*. L'inégalité ci-dessus est la fameuse *relation d'incertitude de Heisenberg*. Elle démontre clairement le caractère probabiliste de la mécanique quantique.

Mais, comme nous l'avons dit, la mécanique quantique n'est pas une théorie probabiliste au sens usuel. Le physicien John Bell, en étudiant un système physique simple, a montré que les probabilités attachées à ce système satisfaisaient à des inégalités incompatibles avec une description probabiliste ordinaire. Le résultat de Bell montre combien la mécanique quantique est éloignée de l'intuition habituelle [6].

Il y a eu, comme on peut le penser, des efforts courageux (en particulier ceux du physicien David Bohm) pour rapprocher la mécanique quantique des idées classiques. De tels efforts sont respectables et nécessaires. Mais les résultats obtenus font intervenir des constructions peu naturelles, et la plupart des physiciens les considèrent comme peu convaincants. Un des essais qui ont été faits pour rapprocher la mécanique quantique de l'intuition classique habituelle s'est trouvé inclus dans les Saintes Écritures... et a donné lieu à pas mal de difficultés. Il s'agit du dogme de la réduction des paquets d'ondes. Ce dogme concerne la mesure successive de deux observables A et B, et propose de dire ce que sont les amplitudes de probabilité après la mesure de A et avant la mesure de B.

Comme on l'a dit, ce dogme conduit à des difficultés, et mieux vaut l'oublier. (Du point de vue de la physique, il importe seulement que l'on puisse estimer les probabilités associées à « A et puis B ».)

Tout en révérant les Pères qui ont écrit les Saintes Écritures, les physiciens contemporains préfèrent en général ne pas s'occuper de la réduction des paquets d'ondes. Richard Feynman par exemple, dans son livre *QED*, ne mentionne le sujet que dans une brève note en bas de page, et se contente de dire qu'il ne veut pas en entendre parler [7].

# 16

## *Les quanta : comptage d'états*

Nous avons examiné au chapitre précédent le squelette conceptuel de la mécanique quantique, mais nous n'avons pas vu beaucoup de chair physique attachée à ce squelette. En bref, voici ce que nous avons trouvé : la mécanique quantique donne des règles pour calculer la probabilité de divers événements. C'est donc une théorie probabiliste, mais pas une théorie probabiliste du type habituel parce que, pour des événements donnés « A » et « B », l'événement « A et B » n'est souvent pas défini.

La chair de la mécanique quantique se trouve évidemment dans les règles, dans l'application de ces règles à des problèmes spécifiques, et dans la compréhension des mécanismes physiques qui en résulte. Ce n'est pas ici le lieu d'entrer dans une discussion technique de la mécanique quantique, mais il est facile et intéressant de développer un peu d'intuition physique. N'oublions pas cependant que quand les physiciens ont développé un argument intuitif, ils le vérifient par des calculs qui peuvent être pénibles. Il y a toujours un peu de mystification dans les présentations non techniques de la science, présentations qui évitent tout calcul pénible : au niveau technique les choses sont moins aisées, mais aussi moins mystérieuses.

Je voudrais maintenant présenter un petit calcul qui fait appel aux mathématiques et à la physique du lycée, rien de plus. Ce calcul n'est pas vraiment indispensable pour ce qui va suivre, mais mérite bien cependant le petit effort que vous allez lui consacrer !

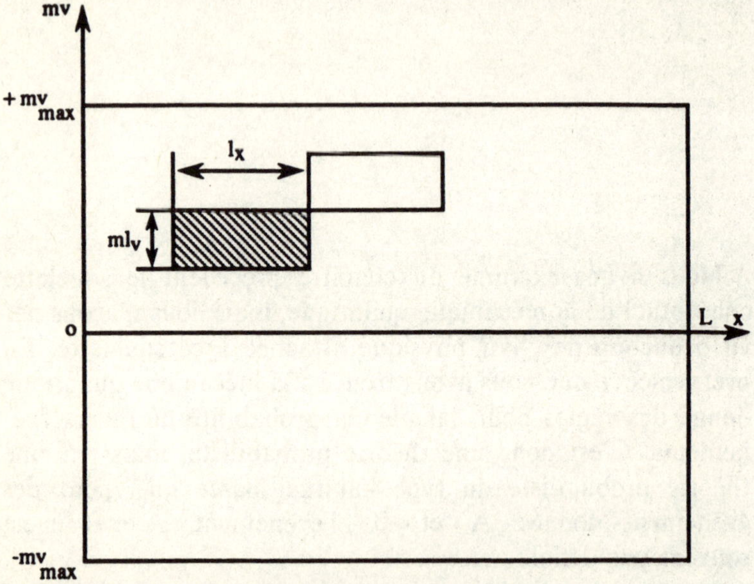


**Figure 1.** Espace des phases d'une particule.
Le grand rectangle est la région accessible à la particule. Le petit rectangle hachuré mesure l'indétermination imposée par l'incertitude quantique.

Nous allons considérer, comme au chapitre dernier, une particule de masse m se mouvant le long d'une ligne droite, mais nous mettons maintenant la particule dans une boîte. Plus précisément, nous imposons à la position x de la particule de se trouver dans un intervalle de longueur L. Nous imposons par ailleurs à la vitesse v de la particule d'être comprise entre

$-v_{max}$ et $v_{max}$ (la particule peut donc aller soit vers la gauche soit vers la droite à une vitesse maximum $v_{max}$). Si nous traçons un diagramme de la position x et du produit mv (masse fois vitesse), nous voyons que la région permise pour la particule est le grand rectangle de la Figure 1. Mais nous pouvons choisir un état de la particule concentré dans une région plus petite : le petit rectangle hachuré de côtés $\ell_x$ et $m\ell_v$. Pour cet état, la position x est connue avec une incertitude d'environ $\ell_x/2$ et la vitesse avec une incertitude d'environ $\ell_v/2$. En accord avec la relation d'incertitude de Heisenberg, nous devons donc choisir $\ell_x$ et $\ell_v$ de manière que $m\ell_v . \ell_x \geq h/\pi$. En fait, une étude plus soigneuse montre que le mieux qu'on puisse faire est de prendre

$$m\ell_v . \ell_x = h$$

ce qui veut dire que le rectangle hachuré a pour surface h. L'espace des variables x et mv est appelé *espace des phases*. Nous avons tracé un autre petit rectangle dans l'espace des phases, disjoint du premier, et correspondant donc à un état complètement différent de notre particule. Combien existe-t-il d'états complètement différents ? Le nombre cherché est la surface du grand rectangle divisé par la surface du petit rectangle soit

$$\text{nombre d'états différents} = \frac{2\ m\ v_{max}\ .\ L}{h}$$

Un calcul technique sérieux confirmerait ce résultat [1]. Il faut d'ailleurs bien voir que, si le nombre d'états différents est bien défini, ces états par contre peuvent être choisis de diverses manières (la surface des petits rectangles est fixe, et égale à h, mais leur forme peut être choisie de différentes façons).

Occupons-nous maintenant de l'énergie de notre particule, je veux dire l'énergie due à la vitesse, et que l'on appelle énergie cinétique. Si vous avez un permis de conduire d'un pays aux standards intellectuels élevés, peut-être avez-vous dû connaître la formule de l'énergie cinétique pour l'examen du permis. Quoi qu'il en soit, voici la formule :

$$\text{énergie} = \frac{1}{2}\,mv^2$$

(L'énergie cinétique est égale à la moitié de la masse fois le carré de la vitesse : si vous expédiez votre voiture de masse m à la vitesse v dans un mur, c'est la quantité d'énergie disponible pour démolir le mur, votre voiture, et vous envoyer vous-même à l'hôpital.) Dire que notre particule a une vitesse comprise entre $-v_{max}$ et $v_{max}$ revient donc à dire que son énergie (cinétique) vaut au plus $\mathcal{E} = \frac{1}{2}\,mv^2_{max}$.

En conclusion, si nous enfermons une particule dans une boîte, et si nous lui imposons d'avoir moins qu'une certaine valeur de l'énergie, alors la particule ne peut avoir qu'un nombre fini d'états possibles. Il y a un certain arbitraire dans la façon de choisir ces états, mais une étude technique montre qu'on peut les prendre tels que chacun ait une énergie précisément définie. C'est ce que l'on exprime en disant que *l'énergie est quantifiée :* elle ne peut prendre que des valeurs discrètes. La quantification de l'énergie est caractéristique de la mécanique quantique, et tout à fait contraire à l'intuition de la mécanique classique.

Au lieu d'une particule se mouvant le long d'une ligne droite, considérons maintenant une honnête particule libre de se mouvoir dans les trois dimensions de l'espace, et mettons cette particule dans une honnête boîte de volume v. Il est alors possible de calculer le nombre d'états de la particule qui ont une énergie inférieure à une valeur donnée $\mathcal{E}$. (Le calcul fait intervenir les trois relations d'incertitude de Heisenberg pour les trois directions de l'espace.) Et voici la formule que l'on obtient :

$$\text{nombre d'états} = \frac{1}{h^3} \cdot \frac{4}{3} \pi \, (2m\mathcal{E})^{3/2} . V$$

Le professionnel reconnaîtra d'un coup d'œil qu'il s'agit là du volume accessible dans l'espace des phases, mesuré en unités de $h^3$. L'espace des phases a ici 6 dimensions, il donne la position x de la particule et aussi le vecteur mv (masse fois vitesse).

L'idée que l'on puisse dire quelque chose de profond sur la nature de l'univers physique en manipulant quelques symboles comme h ou π, fait penser à de la sorcellerie. Et en conséquence, une formule comme celle que je viens d'écrire suscite un dégoût intense chez certaines personnes, alors qu'il provoque un enthousiasme immodéré chez d'autres. Les physiciens sont naturellement du côté des enthousiastes, fort satisfaits de leur rôle professionnel de sorciers modernes. Cependant, pour les besoins du présent livre, j'adopterai un point de vue peu professionnel, et je n'écrirai guère de formules.

Mais je vois que vous voulez encore compter des états. Au lieu de mettre une particule dans une boîte, vous voulez en mettre beaucoup. En fait vous songez à utiliser comme particules des molécules d'azote, d'oxygène, d'hélium ou de quelque autre gaz, et vous voudriez savoir ce que l'on peut dire pour un litre du gaz en question. A température et pression normales, un litre de gaz contient environ $2{,}7.10^{22}$ molécules, c'est-à-dire 27000000000000000000000 (vingt-trois chiffres en tout). Votre calculatrice de poche utilise peut-être la notation 2,7E22 pour ce nombre. Les vulgarisateurs scientifiques aiment à écrire « vingt-sept mille millions de millions de millions », mais ce langage inepte est à décourager. Quoi qu'il en soit, vous aimeriez savoir combien d'états différents il y a pour un système de 2,7E22 molécules d'hélium dans un récipient d'un litre. Fort bien. Vous devez encore me dire quelle est l'énergie totale contenue dans votre litre d'hélium. Un choix raisonnable est de prendre l'énergie correspondant au mouvement des atomes d'hélium à température ambiante normale. En d'autres termes, vous voulez savoir dans combien d'états quantiques différents on peut trouver un litre d'hélium à température ordinaire. (Au lieu de dire *à température ordinaire,* il faudrait dire en fait *avec une énergie totale ne dépassant pas celle d'un litre d'hélium à température ordinaire.* Mais il se trouve, et c'est un point sur lequel nous reviendrons, que cela ne fait réellement aucune différence pour le résultat.)

Voici la réponse [2]

nombre d'états = 1E50000000000000000000000

Évidemment, il vaudrait mieux écrire 5 suivi de 22 zéros sous la forme 5E22. Mais nous avons déjà mis un « E ». N'est-ce pas une erreur ? Eh bien, non. Le nombre d'états a un nombre de chiffres qui est 5E22, et l'on pourrait donc l'écrire 1E5E22. Si vous deviez écrire ce nombre *in extenso* sur une feuille de papier, il vous faudrait une très grande feuille de papier, et vous seriez mort avant d'avoir terminé votre travail d'écriture.

Des nombres comme 1E5E22, tellement éloignés de l'intuition ordinaire, susciteront de nouveau chez certaines personnes un dégoût intense, et provoqueront chez d'autres un enthousiasme immodéré. Une attitude raisonnable est d'introduire la définition suivante :

entropie = nombre de chiffres du nombre d'états
(= 5E22 dans le cas présent)

Une définition plus mathématique serait que l'entropie est le logarithme du nombre d'états (éventuellement avec un facteur de proportionnalité) :

entropie = k log (nombre d'états)

Les détails sont peu importants : utilisez la définition qui vous plaît le mieux.

L'entropie apparaît donc comme une astuce pour présenter sous forme compacte un nombre peu maniable sinon. Mais l'utilité de l'entropie ne se réduit pas à cela, et de loin : c'est un concept d'une importance physique et mathématique fondamentale.

L'idée-clef est la suivante : *l'entropie mesure la quantité de hasard présente dans un système.* En particulier, l'entropie de 2 litres d'hélium vaut deux fois l'entropie d'un litre, l'entropie de 10 litres vaut dix fois autant (à température et pression normales). En d'autres termes, l'entropie d'un système est proportionnelle à sa taille.

# 17

## *Entropie*

Pour réfléchir sérieusement à un problème scientifique difficile, on peut procéder de différentes manières. Certains restent assis à leur table de travail et fixent le regard avec une intensité douloureuse sur une feuille de papier blanc. D'autres, les sourcils froncés, marchent de long en large. Personnellement, j'aime m'allonger à plat sur le dos, et fermer les yeux. On peut faire du travail scientifique dur, et avoir l'air de faire un petit somme. La réflexion scientifique sérieuse peut être une expérience très enrichissante, mais c'est aussi du travail dur. Les idées doivent être poursuivies sans répit, jusqu'à l'obsession. Si une possibilité intéressante semble apparaître, il faut essayer de la préciser et de la vérifier, après quoi parfois on la garde, et plus souvent on la rejette. Il faut développer des idées générales et audacieuses, mais ensuite les détails doivent être vérifiés, et c'est alors que le plus souvent, on découvre des failles désastreuses. La construction doit alors être reprise, certaines idées doivent être abandonnées, et celles qui restent arrangées d'une autre façon. Et le processus se répète jour après jour, semaine après semaine, mois après mois. Tous ceux qui posent au savant ne travaillent pas dur, bien entendu : certains ont cessé il y a bien longtemps, et d'autres n'ont jamais commencé. Mais pour ceux qui jouent le jeu sans tricher, et ne se contentent pas de faire semblant, pour ceux-là le jeu est dur, pénible, fatigant, épuisant. Et si le fruit de cette peine, le résultat de ce labeur est reçu avec arrogance et dédain, alors le dénouement peut être tragique. Imaginez un homme qui a compris la signification d'un des aspects fondamentaux de la Nature. Année après année il a poursuivi ses recherches en dépit des attaques et de l'incompréhension de ses contemporains. Maintenant il se fait vieux, il est malade et déprimé. C'est ce qui est arrivé au physicien autrichien Ludwig Boltzmann. Le 5 septembre 1906 il s'est suicidé ; il avait 62 ans.

Boltzmann, et l'Américain J. Willard Gibbs ont été les créateurs d'une science nouvelle appelée *mécanique statistique.* Leur contribution n'est pas moins importante pour la physique du XX^e^ siècle que la découverte de la relativité ou de la mécanique quantique, mais elle est d'une nature différente. Alors que la relativité et la mécanique quantique ont détruit des théories existantes et les ont remplacées par autre chose, la mécanique statistique a, elle, opéré une révolution tranquille. Elle a utilisé des modèles physiques préexistants, mais a établi de nouvelles relations et introduit de nouveaux concepts. Les nouvelles structures conceptuelles que l'on doit à Boltzmann et Gibbs se sont révélées être des outils extraordinairement puissants, et on les applique maintenant à toutes sortes de situations fort éloignées des problèmes physiques dont on était parti.

Le point de départ de Boltzmann a été l'hypothèse atomique : l'idée que la matière est constituée d'un nombre énorme de petites billes animées d'une folle agitation. A la fin du XIX^e^ siècle, à l'époque où Boltzmann était actif, la structure atomique de la matière n'était pas démontrée, et était loin d'être généralement acceptée. Les attaques contre

Boltzmann ont été en partie motivées par sa croyance aux atomes. Il ne se contentait d'ailleurs pas de croire à l'existence des atomes, il prenait la structure atomique de la matière au sérieux, et en déduisait des conséquences saisissantes.

A l'époque où il travaillait, Boltzmann n'avait que la mécanique classique à sa disposition. Il est cependant avantageux de présenter certaines de ses idées en langage quantique. Après tout, il y a une relation étroite entre la mécanique classique et la mécanique quantique. Toutes deux doivent décrire la même réalité physique et, par exemple, un *nombre d'états* en mécanique quantique correspond à un *volume d'espace des phases* en mécanique classique. Je vais donc mettre l'accent sur les idées, et je ne me préoccuperai pas trop des anachronismes de détail.

La révolution industrielle du XIXe siècle avait concentré un grand intérêt sur la machine à vapeur et sur la transformation de la chaleur en énergie mécanique. On savait qu'il est facile de transformer l'énergie mécanique en chaleur (par exemple en frottant deux pierres l'une contre l'autre) mais non l'inverse. La chaleur est une forme d'énergie, mais son utilisation est limitée par des règles strictes : certains processus se produisent facilement, d'autres pas du tout. Il est facile, par exemple, de mélanger un litre d'eau froide et un litre d'eau chaude pour obtenir deux litres d'eau tiède. Essayez maintenant de démélanger ces deux litres d'eau tiède pour récupérer un litre d'eau froide et un litre d'eau chaude ! Vous n'y arriverez pas : le mélange de l'eau froide et de l'eau chaude est un processus irréversible.

Les physiciens ont fait un pas important vers la compréhension de l'irréversibilité en définissant l'*entropie* (oublions pour le moment que nous avons déjà utilisé ce mot au chapitre précédent). Un litre d'eau froide a une certaine entropie, et un litre d'eau chaude a une entropie différente. Ces entropies peuvent être calculées à partir des données expérimentales (mais nous n'expliquerons pas ici comment). L'entropie de deux litres d'eau froide est deux fois l'entropie d'un litre, et semblablement pour l'eau chaude.

Si vous placez un litre d'eau froide et un litre d'eau chaude l'un à côté de l'autre, la somme de leurs entropies a une certaine valeur. Mais si maintenant vous mélangez les deux, l'entropie des deux litres d'eau tiède obtenus a une valeur plus grande. En mélangeant l'eau froide et l'eau chaude, vous avez augmenté l'entropie de l'univers, irréversiblement. Voici la règle, connue comme *seconde loi de la thermodynamique* [1] : dans tout processus physique, l'entropie reste constante ou augmente, et si elle augmente le processus est irréversible.

Tout cela est fort mystérieux, bien sûr, et pas tout à fait satisfaisant. Quelle est la signification de l'entropie, pourquoi augmente-t-elle toujours et ne décroît-elle jamais ? Ce sont précisément les problèmes que Boltzmann a essayé de résoudre.

Si vous croyez à l'« hypothèse atomique », les molécules composant un litre d'eau froide peuvent se trouver dans toutes sortes de configurations différentes. En fait, les molécules s'agitent dans tous les sens, et leur configuration change constamment. En langage quantique, nous avons un système d'un grand nombre de particules, et ce système peut être dans un très grand nombre d'états différents. Mais bien que ces états soient différents dans leurs détails microscopiques, ils sont tous pareils si on les regarde à l'œil nu ; en fait ils ressemblent tous à un litre d'eau froide.

Donc, quand nous parlons d'un litre d'eau froide, nous parlons de quelque chose de très ambigu. Et la découverte de Boltzmann est que l'entropie mesure cette ambiguïté. Du point de vue technique, la définition correcte est que l'entropie d'un litre d'eau froide est le nombre de zéros du nombre d'états *microscopiques* correspondant à ce litre d'eau froide. La définition s'étend évidemment à l'eau chaude, et à beaucoup d'autres systèmes. Et c'est en fait ainsi que nous avons défini l'entropie d'un litre d'hélium au chapitre précédent.

La définition du chapitre précédent cependant n'avait pas

de motivation physique. L'importance de l'idée de Boltzmann est qu'elle relie un concept mathématique naturel et une quantité physique qui était jusque là mystérieuse. Du point de vue technique, il vaudrait mieux dire *logarithme* que *nombre de zéros,* multiplier par une constante k (k s'appelle en fait la constante de Boltzmann), et ajouter peut-être une autre constante au résultat, mais ce n'est pas ici le lieu de discuter de ces détails.

Plaçons maintenant l'un à côté de l'autre un litre d'eau froide et un litre d'eau chaude, sans les mélanger. Pour chaque état du litre d'eau froide et chaque état du litre d'eau chaude nous avons un état du système total. Par conséquent, le nombre d'états du système total est le produit du nombre d'états d'un litre d'eau froide et du nombre d'états d'un litre d'eau chaude. Et l'entropie du système total est donc la somme des entropies des deux litres d'eau (l'un froid, l'autre chaud) dont il est composé. Cela n'est pas très étonnant, et résulte directement des définitions.

Que se passe-t-il maintenant si nous mélangeons l'eau froide et l'eau chaude ? Nous obtiendrons bien entendu de l'eau tiède, encore que les détails du processus ne soient pas simples et restent un sujet d'étude pour les spécialistes. Ce qui est en tout cas bien établi, c'est que le nombre d'états de deux litres d'eau tiède est plus grand (beaucoup plus grand !) que celui d'un litre d'eau froide et d'un litre d'eau chaude [2]. Et n'oublions pas que tous les états de deux litres d'eau tiède sont pareils quand on les regarde à l'œil nu : il n'y a pas moyen de reconnaître ceux qui proviennent du mélange d'un litre d'eau froide et d'un litre d'eau chaude. L'entropie augmente donc en conséquence du mélange.

Mais pourquoi doit-il y avoir irréversibilité ? Le monde qui nous entoure se comporte de manière très irréversible, mais comment prouver qu'il doit en être ainsi ? En science, quand on ne voit pas comment prouver une chose, c'est souvent une bonne idée d'essayer de prouver le contraire, et de voir ce qui se passe. Je vais donc essayer d'obtenir la réversibilité.

Il n'y a aucune irréversibilité dans les lois fondamentales de la mécanique classique. Observons les mouvements et les collisions d'un système de particules pendant une seconde et supposons que nous puissions renverser le sens des vitesses de toutes les particules. Celles-ci vont alors revenir en arrière, des collisions auront lieu dans l'ordre inverse de celles que l'on avait vues précédemment. Et après qu'une seconde se soit de nouveau écoulée, on sera revenu à la situation de départ. (Les vitesses des particules sont dans le mauvais sens, mais nous pouvons de nouveau les renverser par un coup de baguette magique.) D'après ce que nous venons de dire, si l'entropie peut augmenter, elle peut aussi diminuer, et il n'y a pas d'irréversibilité. Boltzmann s'est-il trompé ? Ou avons-nous négligé un détail essentiel ?

Nous nous sommes arrangés pour que le temps « revienne en arrière » en renversant les vitesses de toutes les particules d'un grand système par un coup de baguette magique. On peut dire évidemment que cela est impossible en pratique. Mais quelque chose de très semblable est possible pour certains systèmes (systèmes de spin). Et, bien entendu, il est gênant de baser une loi générale de la physique sur une impossibilité pratique qui sera peut-être un jour levée.

Il y a cependant une impossibilité plus subtile dans l'expérience de renversement des vitesses qui vient d'être décrite, et cette impossibilité provient de la dépendance sensitive des conditions initiales. Quand nous appliquons les lois de la mécanique classique à l'étude des mouvements et collisions d'un système d'atomes et de molécules, nous imaginons que ce système n'interagit pas avec le reste de l'univers. Mais cela est tout à fait irréaliste. Même l'effet gravitationnel d'un électron aux frontières de l'univers connu est important, et ne peut être négligé. Si donc nous renversons les vitesses des particules après une seconde d'observation du système, nous ne voyons pas le temps revenir en arrière. Après un temps très court, l'électron aux frontières de l'univers aura changé le cours des événements, et nous n'avons plus aucune raison de penser que l'entropie va décroître. (En fait, elle continuera à croître, mais il nous reste à comprendre la raison de cette croissance générale de l'entropie.)

Le fait que la dépendance sensitive des conditions initiales puisse avoir un rapport avec l'irréversibilité n'était pas compris, il faut le dire, à l'époque de Boltzmann. Ici encore je me suis permis un petit anachronisme. Rétrospectivement, nous voyons combien les idées de Boltzmann s'agencent naturellement dans le cadre physique mis en place après lui. Mais à l'époque de Boltzmann, les choses étaient loin d'être claires. Lui, bien sûr, savait qu'il avait raison. D'autres voyaient seulement que les travaux de Boltzmann étaient entièrement basés sur une douteuse « hypothèse atomique ». Ils voyaient Boltzmann utiliser des mathématiques douteuses pour obtenir une évolution temporelle irréversible à partir des lois de la mécanique classique, qui sont clairement réversibles. Et ils n'étaient pas convaincus.

# 18

## *Irréversibilité*

Le but de la physique est de donner une description mathématique précise de certains morceaux de réalité, et il est souvent préférable de ne pas trop se préoccuper de la « réalité ultime ». Cette position pourra sembler excessivement modeste et peu ambitieuse, et l'on pourrait en conclure que l'étude de la physique est une entreprise assez ennuyeuse. En fait, c'est le contraire qui est vrai, et cela parce que la réalité physique elle-même est très loin d'être ennuyeuse. La physique est intéressante parce qu'elle a pour objet un monde intéressant. Si l'on oublie ce monde concret et que l'on prétende s'occuper de physique *in abstracto,* alors on risque fort de sombrer dans des considérations métaphysiques assommantes et inutiles.

Ces remarques s'appliquent en particulier à l'œuvre de Boltzmann. Le point de départ de cette œuvre a été la *thermodynamique,* ainsi s'appelle la théorie qui traite de l'entropie et de l'irréversibilité au niveau macroscopique. Cette théorie rendait compte très bien, et continue à rendre compte très bien des faits expérimentaux. La grande entreprise de la vie de Boltzmann a été d'essayer de comprendre la thermodynamique dans le cadre de l'« hypothèse atomique », en faisant ce qu'on appelle maintenant de la *mécanique statistique.* Imaginons que l'on n'ait jamais pu démontrer de façon certaine l'existence des atomes. Imaginons que la mécanique statistique n'ait jamais eu plus de pouvoir prédictif qu'à l'époque de Boltzmann. Aux yeux d'un physicien, cela n'aurait guère eu de sens alors de dire que la théorie de Boltzmann était physiquement vraie. Les idées de Boltzmann sont devenues la vérité physique parce qu'il est maintenant prouvé que la matière est composée d'atomes, parce que la formule de Boltzmann pour l'entropie peut être expérimentalement vérifiée, et parce que la mécanique statistique a acquis une énorme valeur prédictive (largement grâce aux efforts de Gibbs et d'autres physiciens).

Si l'on y regarde d'un peu plus près, on verra que les idées de Boltzmann sur les atomes étaient loin de la « réalité ultime » : les atomes ne sont pas simplement des petites billes qui s'agitent frénétiquement, ils ont une structure compliquée, et la mécanique quantique est nécessaire pour leur description. Les idées préconçues qu'avait Boltzmann sur la nature des choses l'ont bien servi (et nous aussi), mais elles ne constituent qu'une étape dans notre analyse du monde physique. Y aura-t-il une étape finale ? Y a-t-il une « réalité ultime » en physique ? On peut espérer que la réponse à ces questions est positive, et que la théorie finale de la matière sera découverte (et prouvée correcte) de notre vivant. Mais, il faut le dire clairement, l'importance des idées de Boltzmann ne dépend pas de la découverte éventuelle d'une théorie physique ultime de la matière.

La vie de Boltzmann a quelque chose de romantique. Il s'est donné la mort parce qu'il était, dans un certain sens, un raté. Et pourtant nous le considérons maintenant comme un des grands savants de son époque, bien plus grand que ceux qui furent ses opposants scientifiques. Il a vu clair avant les autres, et il a eu raison trop tôt. Mais comment fait-on pour voir clair avant les autres ? Je pense que les idées préconçues constituent une partie de la réponse. Il faut avoir des idées préconçues sur la physique, des idées différentes du dogme généralement accepté, et il faut poursuivre ces idées avec une certaine obstination. Ces idées, peut-être, se sont révélées mauvaises en d'autres occasions, mais si vous avez le bon point de vue, et si vous avez de la chance, ces idées vous donneront la clef d'une nouvelle compréhension de la Nature. Les idées de Boltzmann étaient nettement mécanistes, comme celles de Descartes jadis. Mais les préjugés mécanistes de Descartes n'avaient pas été fructueux, et c'est Newton qui, avec d'autres idées, avait fondé la physique moderne. Cependant, à l'époque de Boltzmann, les préjugés mécanistes étaient ce qu'il fallait pour comprendre la thermodynamique, les idées mécanistes pouvaient maintenant triompher.

Donnons quelques autres exemples d'idées préconçues sur la science : que les mathématiques sont le langage de la Nature (Galilée), que notre monde est le meilleur des mondes possibles (Leibniz), ou que les lois de la Nature doivent satisfaire à des critères esthétiques (Einstein). A chaque époque il y a sur la science des préjugés à la mode, et d'autres idées préconçues qui ne sont pas à la mode mais peuvent vous rendre célèbre après votre mort...

Je vais maintenant interrompre ces considérations de gloire posthume, et revenir à notre discussion inachevée sur l'irréversibilité. Examinons de nouveau l'évolution temporelle d'un système compliqué de particules, comme les atomes d'hélium dans un récipient d'un litre, ou comme les molécules d'un litre d'eau. Nous utiliserons la mécanique classique pour décrire nos particules, et nous supposerons qu'elles forment un système isolé : il n'y a pas d'interaction avec le monde extérieur, et aucune énergie n'est donc ni reçue ni donnée par notre système. Boltzmann a eu l'idée que, au cours du temps, le système devrait visiter toutes les configurations possibles du point de vue énergétique. En d'autres termes, toutes les configurations de positions et de vitesses des particules avec la bonne énergie totale seraient réalisées, et on les observerait pour peu qu'on attende assez longtemps. En fait, une manière plus correcte d'exprimer les choses est de dire que le système reviendrait inlassablement aussi près que l'on veut de toute configuration énergétiquement permise. C'est un exemple de ce que nous avons appelé *éternel retour* dans un chapitre précédent. L'idée de Boltzmann est connue comme *hypothèse ergodique ;* elle présente certaines difficultés techniques, et un traitement mathématique satisfaisant n'a été obtenu qu'après la mort de Boltzmann. La physique, cependant, est assez claire et mérite bien qu'on la comprenne.

Vous vous rappelez que quand on parle de *nombre d'états* en mécanique quantique, on doit parler de *volume d'espace des phases* en mécanique classique. C'est de ce dernier concept que nous allons avoir besoin. Dans l'exemple d'un litre d'hélium, un point de l'espace des phases spécifie les positions et les vitesses de tous les atomes de notre litre d'hélium. Nous restreignons notre intérêt à la partie de l'espace des phases formée par les configurations d'énergie totale donnée (parce que notre système ne reçoit ni ne donne d'énergie). Puisqu'un point de l'espace des phases représente toutes les positions et vitesses de nos atomes d'hélium, l'évolution temporelle de ce système compliqué d'atomes est simplement décrite par le mouvement d'un point dans l'espace des phases.

Nous voilà maintenant à même d'exprimer le contenu physique de l'hypothèse ergodique : *en se mouvant dans l'espace des phases, le point qui représente notre système passe dans chaque région une fraction de temps proportionnelle au volume de cette région* [1].

Si nous acceptons l'hypothèse ergodique, nous pouvons maintenant comprendre pourquoi, quand on a deux litres d'eau tiède dans un récipient, on ne voit jamais le liquide se séparer en une couche d'eau froide et une couche d'eau chaude. En effet, comme nous l'avons déjà dit, l'entropie de deux litres d'eau tiède est supérieure à celle d'un litre d'eau froide plus un litre d'eau chaude. Supposons que la différence des entropies soit de un pour cent, cela fait une différence de un pour cent sur la longueur du chiffre (énorme) représentant le nombre d'états. Les nombres d'états, ou les volumes d'espaces des phases, diffèrent donc par un facteur énorme. Ainsi, le volume d'espace des phases correspondant à deux litres d'eau tiède est énormément plus grand que le volume qui correspond à un litre d'eau froide plus un litre d'eau chaude. Observons maintenant le point représentatif de notre système pendant qu'il se meut dans l'espace des phases. D'après l'hypothèse ergodique, il passera la plus grande partie de son temps dans la région correspondant à deux litres d'eau tiède. La fraction de temps passée dans la région d'espace des phases qui correspond à une couche d'eau froide et une couche d'eau chaude est extraordinairement petite. En pratique on ne verra jamais les deux litres d'eau tiède se séparer en un litre d'eau froide et un litre d'eau chaude.

Je voudrais répéter l'explication. Vous avez soigneusement versé une couche d'eau chaude au-dessus d'une couche d'eau froide. Et vous avez obtenu de cette manière que votre système soit dans une petite région très particulière de l'espace des phases. Mais la chaleur diffuse et les couches se mélangent, et au bout d'un certain temps vous avez de l'eau uniformément tiède, correspondant à une beaucoup plus grande région de l'espace des phases. Si vous attendez assez longtemps, l'éternel retour ramènera votre système à une couche d'eau froide et une couche d'eau chaude comme au début de l'expérience. Mais combien de temps devrez-vous attendre ? Le calcul de ce temps est lié aux calculs de nombres d'états faits au chapitre 16, et la réponse est d'une énormité effrayante, atroce. Le temps qu'il faut attendre est simplement trop long. La vie est bien trop brève pour que l'on revoie jamais une couche d'eau chaude surmontant une couche d'eau froide, et dans ce sens, le mélange des deux couches est irréversible. (Pour le rôle de la dépendance sensitive des conditions initiales, voir la note [2].)

L'explication de l'irréversibilité que nous avons obtenue, en suivant Boltzmann, est à la fois simple et assez subtile. C'est une explication probabiliste. Il n'y a pas d'irréversibilité dans les lois fondamentales de la physique, mais l'état initial que nous avons choisi pour notre système a une caractéristique importante : cet état initial est *très improbable*. Je veux dire par là que son volume relatif dans l'espace des phases est très petit (ou que son entropie est petite). L'évolution temporelle conduit alors à une région de volume relativement grand (ou de grande entropie) qui correspond à un état très probable du système. En principe, après un temps très long, le système retournera à son improbable état initial ... mais nous ne verrons jamais la chose se produire. Un physicien aimera idéaliser cette situation en faisant tendre le nombre de particules du système vers l'infini, de sorte que le temps de l'éternel retour tende aussi vers l'infini. A la limite, nous avons donc une évolution temporelle vraiment irréversible.

J'ai décrit l'interprétation de l'irréversibilité qui est généralement acceptée maintenant par les physiciens. Il y a quelques opinions divergentes, notamment celle d'Ilya Prigogine [3], mais le désaccord est basé sur des idées philosophiques préconçues plutôt que sur des faits physiques concrets. Les idées préconçues, différentes du dogme établi, sont précieuses comme nous l'avons dit, et essentielles à la découverte en physique. Mais il faut à la fin vérifier si ces idées sont correctes ou fausses en faisant une comparaison soigneuse des théories et de l'expérience.

Un des ingrédients de notre analyse, la réversibilité des lois fondamentales de la physique, paraît être un point de départ solide [4]. Mais qu'en est-il de l'hypothèse ergodique ? Celle-ci devrait être démontrée mathématiquement, et nous n'avons pas encore de démonstration, même pour des modèles simples.

Cela n'inquiète pourtant pas trop les physiciens. Il est admis que beaucoup d'aspects mathématiques et physiques de l'irréversibilité restent à préciser. Il est probable que l'on doive affaiblir l'hypothèse ergodique. Et une autre façon d'aborder les problèmes peut être nécessaire pour certains systèmes comme les *verres de spin.* En gros, néanmoins, on pense que l'on comprend ce qui se passe.

Cette confiance peut fort bien être ébranlée un jour ou l'autre. Mais, pour l'instant, elle reçoit l'appui de notre bonne compréhension de la *mécanique statistique de l'équilibre.* Cette dernière branche de la physique ne se préoccupe pas du problème complexe de mélanger de l'eau froide et de l'eau chaude, mais seulement de comparer l'eau froide avec l'eau chaude, et aussi avec la glace et la vapeur d'eau. Les prédictions de la mécanique statistique de l'équilibre sont en accord très précis avec l'expérience. Clairement, voilà un domaine de la physique où l'on sait ce que l'on fait. La mécanique statistique de l'équilibre est un sujet à la fois assez technique, et conceptuellement très riche. Ses idées fécondes ont été transférées aux mathématiques et à d'autres parties de la physique, où elles jouent un rôle majeur. Pour moi, la mécanique statistique de l'équilibre représente ce que la science a produit de plus profond et de plus accompli, et j'essayerai de donner une idée, nécessairement brève et superficielle, du sujet au prochain chapitre.

# 19

## *La mécanique statistique de l'équilibre*

Vous visitez un musée de peinture, et vous vous promenez parmi les toiles françaises du début du XX^e^ siècle. Vous voyez ici un Renoir somptueux, là sans erreur possible c'est un Modigliani, là encore ce sont des fleurs peintes par Van Gogh, ou des fruits de Cézanne. Plus loin vous apercevez un Picasso, à moins que ce ne soit un Braque. Sans doute est-ce la première fois que vous voyez ces peintures, mais vous n'avez le plus souvent aucun doute quant à l'artiste à qui on les doit. Van Gogh, dans les dernières années de sa vie, a peint un nombre incroyable de tableaux, tous d'une saisissante beauté, et que l'on distingue tous immédiatement des tableaux de Gauguin par exemple. Comment les distinguez-vous ? Eh bien la peinture n'est pas appliquée de la même manière, et les sujets traités sont différents. Mais il y a quelque chose d'autre, qui est plus difficile à exprimer et que cependant on saisit immédiatement, un quelque chose qui dépend du choix des formes et de l'équilibre des couleurs.

De même, si vous ouvrez la radio, vous saurez immédiatement si vous entendez de la musique classique ou les Beatles.

Et si la musique classique vous intéresse le moins du monde, vous reconnaîtrez Bach de la musique du XVIe siècle, Beethoven de Bach, et Bartok de Beethoven. Ce sont des morceaux que peut-être vous n'avez jamais entendus, mais il y a quelque chose d'unique dans l'arrangement des sons qui permet de reconnaître presque instantanément le compositeur. On peut essayer d'identifier ce « quelque chose d'unique » par des études statistiques [1]. On peut en particulier étudier les intervalles entre notes successives. De petits intervalles musicaux sont particulièrement communs, mais ils sont les plus communs dans la musique ancienne. La musique récente utilise plus habituellement toutes sortes d'intervalles. En évaluant la fréquence des intervalles entre notes successives dans une œuvre musicale, on peut donc décider si elle est de Buxtehude, de Mozart, ou de Schönberg. On arrive évidemment à la même conclusion encore mieux, et plus rapidement, en écoutant quelques mesures. Mais c'est en fait utiliser la même méthode ; le système oreille-cerveau humain est un merveilleux système d'analyse statistique qui nous permet de dire : voici de la musique de Monteverdi, ou de Brahms, ou de Debussy.

Ce que je prétends, c'est que nous basons notre identification d'un peintre ou d'un compositeur sur des critères statistiques. Vous estimerez peut-être que c'est absurde : comment peut-on être sûr d'une identification si on la base sur des probabilités ? La réponse est qu'on peut être presque sûr. De même que nous sommes souvent presque sûrs du sexe d'une personne rencontrée dans la rue : les hommes sont souvent plus grands, ont des cheveux plus courts et plus foncés, de plus longs pieds, etc. Chaque caractère pris isolément est assez peu fiable, mais on prend connaissance de nombreux caractères en une fraction de seconde, et l'ensemble ne laisse souvent aucun doute raisonnable.

Une question reste cependant : comment se fait-il qu'un artiste donné produise de manière répétée des œuvres ayant le même ensemble de caractères probabilistes, ensemble qui caractérise cet artiste particulier ? Ou prenons un autre exemple : comment se fait-il que votre écriture soit si unique, si difficile à imiter pour d'autres, et à déguiser pour vous ? Nous ne connaissons pas les réponses à ces questions parce que nous ne savons pas en détail comment le cerveau fonctionne. Mais nous comprenons quelque chose de très semblable, un fait fondamental qui est en quelque sorte la pierre angulaire de la mécanique statistique de l'équilibre.

Voici le fait fondamental : *si l'on impose une condition globale simple à un système compliqué, alors les configurations qui satisfont à cette condition globale ont habituellement un ensemble de caractères probabilistes qui caractérise ces configurations de manière unique.* Si vous relisez cette phrase, vous verrez qu'elle est délibérément vague et métaphysique, de manière à être applicable à la peinture ou à la musique. Le fait qu'une œuvre soit due à un certain artiste est alors la « condition globale simple », et l'« ensemble des caractères probabilistes » de l'œuvre est ce qui nous permet d'identifier l'artiste. Discutons maintenant le cas de la mécanique statistique de l'équilibre. Ici, typiquement, le système compliqué est formé d'un grand nombre de particules dans un récipient (un litre d'hélium est notre exemple habituel). Et la condition globale simple est que l'énergie totale du système ait au plus une certaine valeur $\mathcal{E}$. On restreint donc l'état *macroscopique* du système et ceci, prétend-on, va déterminer sa structure probabiliste *microscopique.*

Je vais céder encore une fois à l'envie d'écrire une équation ; voici l'expression pour l'énergie d'un système de particules dont on connaît les vitesses $v_i$ et les positions $x_i$ :

$$\text{énergie} = \sum_i \frac{1}{2} m v_i^2 + \sum_{i<j} V(x_j - x_i)$$

Comme nous l'avons vu précédemment, $\frac{1}{2}mv_i^2$ est l'énergie cinétique de la i-ième particule. Le terme $V(x_j-x_i)$ est l'énergie potentielle due à l'interaction de la i-ième et de la j-ième particule. Nous supposons que l'énergie potentielle ne dépend que de la distance entre les deux particules et tend rapidement vers zéro quand la distance devient grande. Notre condition globale simple est ici

$$\text{énergie} \leq \mathcal{E}$$

Et l'on prétend que si une configuration de positions $x_i$ et vitesses $v_i$ satisfait à cette condition, cette configuration aura habituellement des caractères très particuliers qui permettront de la distinguer des configurations correspondant à d'autres choix du potentiel V ou de $\mathcal{E}$. Assez incroyable, n'est-ce pas ? De fait, il a fallu un certain temps pour y voir clair, et notre compréhension de la situation est à porter au crédit de Gibbs et des physiciens qui l'ont suivi. Les détails de l'analyse sont relativement difficiles et techniques, et ne peuvent être présentés ici. Mais il y a une idée centrale à la fois simple et élégante, et que je voudrais expliquer.

Mais je vois que vous avez une objection, et je dois y faire face tout de suite. Si nous avons une configuration dont l'énergie satisfait à

$$\text{énergie} \leq \mathcal{E}$$

alors elle satisfait aussi à

$$\text{énergie} \leq \mathcal{E}'$$

pour peu que $\mathcal{E}'$ soit plus grand que $\mathcal{E}$. Donc les configurations associées à $\mathcal{E}$ ne peuvent être distinguées de celles qui sont associées à $\mathcal{E}'$, contrairement à ce que j'ai prétendu, et il ne reste plus qu'à abandonner l'affirmation que j'avais faite.

Ce qui sauve mon affirmation est l'adverbe « habituellement ». Il y a beaucoup, beaucoup plus de configurations avec une énergie $\leq \mathcal{E}'$ que de configurations avec une énergie $\leq \mathcal{E}$. Donc, habituellement, une configuration d'énergie $\leq \mathcal{E}'$ n'aura pas une énergie $\leq \mathcal{E}$, et ne pourra être confondue avec ces configurations de basse énergie. En termes plus techniques, l'entropie associée à $\mathcal{E}'$ est plus grande que celle qui est associée à $\mathcal{E}$, et le volume correspondant dans l'espace des phases (ou le nombre d'états) est beaucoup plus grand.

Dans un sens, je viens déjà de vous donner l'idée centrale simple et élégante que j'avais promise. Je vais maintenant présenter cette idée de nouveau en traitant un exemple très simple et explicite. Je vais supposer que l'énergie potentielle V est nulle, de sorte que notre condition globale sur l'énergie est maintenant

$$\sum_{i=1}^{N} v_i^2 \leq \frac{2\mathcal{E}}{m}$$

Pour simplifier les choses autant que possible, je vais supposer que nos N particules sont dans une boîte à une dimension, de sorte que les $v_i$ sont des nombres plutôt que des vecteurs, et j'écrirai $2\,\mathcal{E}'\,m = R^2$. La condition devient alors

$$\sum_{i=1}^{N} v_i^2 \leq R^2$$

ce qui revient à dire que le vecteur à N dimensions de composantes $v_i$ a une longueur $\leq$ R. (Cela résulte du théorème de Pythagore.) En d'autres termes, les configurations de vitesses qui sont permises sont les points à l'intérieur d'une sphère de rayon R à N dimensions. Quelle est la fraction des configurations à l'intérieur de la sphère de rayon $\frac{1}{2}$R ? C'est le rapport des volumes des deux sphères : $\frac{1}{2}$ si N = 1, $\frac{1}{4}$ si N = 2, $\frac{1}{8}$ si N = 3, ..., $\frac{1}{1024}$ si N = 10, ..., moins d'un millionième si N = 20, etc. S'il y a beaucoup de particules, c'est-à-dire si N est grand, pratiquement toutes les configurations seront à l'extérieur de la sphère de rayon $\frac{1}{2}$ R. Et de même, elles seront à l'extérieur de la sphère de rayon $\frac{9}{10}$ R ou $\frac{99}{100}$ R.

La conclusion de la discussion est la suivante : considérons une sphère de rayon R à N dimensions, pour N grand, alors la plupart des points intérieurs à la sphère sont en fait proches de sa surface. (Il y a évidemment des exceptions : le centre de la sphère n'est pas proche de la surface.) Nous avons donc ici un exemple où une condition globale simple (qu'un point soit intérieur à une sphère) implique – habituellement – une condition beaucoup plus restrictive (que le point soit très voisin de la surface de la sphère). C'est une situation fort générale, mais pour laquelle il faut payer un certain prix : l'introduction de l'adverbe *habituellement* au lieu de *toujours*. En outre, nous avons supposé N grand : nous nous intéressons à la géométrie à un grand nombre de dimensions (ou à un système compliqué, formé d'un grand nombre de particules).

Une bonne partie du travail des chercheurs scientifiques consiste à suivre une idée générale (comme l'idée métaphysique sur les systèmes compliqués que nous avons formulée ci-dessus), et voir jusqu'où elle est applicable, et à partir d'où elle devient inutilisable et sans valeur. En pratique, une telle analyse demande beaucoup de temps et d'effort. Quoiqu'il ne soit pas possible de donner ici une idée de cette analyse [2], j'insiste sur le fait qu'elle est indispensable, et sert de base nécessaire au genre de discussion non technique présentée ici. Poursuivre la discussion à un niveau purement métaphysique et littéraire est comme conduire une voiture avec un bandeau sur les yeux : cela ne peut que mener au désastre. Ayant satisfait ma conscience par cet avertissement, je puis maintenant en dire un peu plus sur la mécanique statistique de l'équilibre. Comme je vais être un peu technique, vous pouvez soit choisir de lire de façon lente et attentive la fin de ce chapitre, soit continuer rapidement et passer au chapitre suivant.

Comme nous, vu, l'entropie S augmente (disons de $\Delta S$) quand l'énergie $\mathcal{E}$ augmente (disons de $\Delta\mathcal{E}$). Le rapport $\Delta\mathcal{E}/\Delta S$ (c'est-à-dire la dérivée de l'énergie par rapport à l'entropie) est une quantité importante. Appelons-la *té* ou T.

Supposons maintenant que nous avons un système composé de deux parties I et II (ces deux parties sont des systèmes matériels en équilibre l'un avec l'autre). Nous imposons la condition

$$\text{énergie} \leq \mathcal{E}$$

Comme nous l'avons vu, cela implique que l'énergie est habituellement presque égale à $\mathcal{E}$. Mais il y aussi d'autres conséquences : l'énergie du sous-système I est presque fixée à une valeur $\mathcal{E}_I$ et l'énergie du sous-système II à une valeur $\mathcal{E}_{II}$. Comment le système choisit-il $\mathcal{E}_I$ et $\mathcal{E}_{II}$ ? Eh bien, le système essaye de rendre maximum la somme de l'entropie du système I (à l'énergie $\mathcal{E}_I$) et de l'entropie du système II (à l'énergie $\mathcal{E}_{II}$), en respectant la condition $\mathcal{E}_I + \mathcal{E}_{II} \approx \mathcal{E}$. Si vous y réfléchissez, vous verrez que c'est raisonnable : le système occupe dans l'espace des phases un volume aussi grand que possible, en respectant la condition que l'énergie est fixée. Mathématiquement, le fait que la somme des entropies de I et II est maximum s'exprime par la condition que le té de I est égal au té de II (voir note [3]) :

$$T_I = T_{II}$$

Et c'est ainsi qu'apparaît naturellement le concept de température : à un facteur conventionnel près, té peut être identifié à la température absolue :

$$\text{température absolue} = \frac{1}{k}\,\frac{\Delta\&}{\Delta S}$$

où k est encore la constante de Boltzmann. Les deux sous-systèmes sont en équilibre s'ils ont la même température.

Il faut noter que nous n'avions pas introduit le concept de température jusqu'ici, même si nous avons parlé d'eau chaude ou d'eau froide pour indiquer que l'énergie totale était plus élevée ou plus basse. Au lieu de commencer par l'analyse des expériences, nous sommes partis de considérations générales sur la géométrie à un grand nombre de dimensions, et nous sommes arrivés tout naturellement à une quantité qui ne peut être autre que la température. Les fondateurs de la mécanique statistique ont essayé de voir à quoi ressemblerait un monde constitué d'un grand nombre d'atomes et de molécules, avec un minimum d'hypothèses supplémentaires. Imaginez leur émerveillement quand ils ont vu que ce monde qu'ils avaient reconstruit était pareil au monde où nous vivons.

# 20

## *L'eau bouillante et les portes de l'enfer*

Si vous ne comprenez pas le russe, tous les livres dans cette langue vous paraîtront assez semblables. De même, à moins d'avoir étudié la physique théorique, vous ne verrez guère de différences entre les divers domaines de cette science : dans tous les cas vous avez affaire à des textes abscons, mêlés de mots grecs, de formules et de symboles techniques. Et pourtant, les différents domaines de la physique ont chacun leur caractère particulier. Prenons, par exemple, la relativité restreinte. C'est un beau sujet, mais qui n'a plus guère de mystère pour nous ; nous pensons connaître dans ce domaine tout ce que l'on peut désirer savoir. La mécanique statistique, par contre, garde ses noirs secrets : tout indique que nous ne comprenons qu'une petite partie de ce qu'il y a à comprendre. Quels sont donc les noirs secrets de la mécanique statistique ? Nous allons dans ce chapitre en examiner deux ou trois.

L'ébullition de l'eau quand on la chauffe est un phénomène assez étonnant, et sa congélation quand on la refroidit est tout aussi mystérieuse. Si nous diminuons la température d'un litre d'eau, on pourrait raisonnablement s'attendre à ce qu'elle devienne de plus en plus visqueuse, de plus en plus « épaisse ». Et l'on pourrait imaginer qu'à température suffisamment basse, le liquide serait si visqueux, si épais, qu'il deviendrait rigide et se comporterait comme un solide. Ces idées naturelles sur la solidification de l'eau sont fausses [1]. Ce qu'on observe quand on refroidit de l'eau, c'est qu'à une certaine température, elle se change en glace de manière abrupte. Semblablement, si nous chauffons de l'eau à une certaine température, elle se mettra à bouillir, c'est-à-dire qu'il y aura un passage discontinu du liquide à la vapeur. La congélation et l'ébullition de l'eau sont des exemples familiers de *changements de phase.* Ces phénomènes sont en fait tellement familiers que l'on perd de vue le fait qu'ils sont fort étranges, et requièrent une explication. Peut-être peut-on dire qu'un physicien est quelqu'un qui ne considère *pas* comme évident que l'eau doit geler ou bouillir quand on élève ou que l'on abaisse sa température. Que nous dit la mécanique statistique sur les changements de phase ?

Suivant notre philosophie générale, en imposant une condition globale simple (ici, en fixant la température), on obtient que toutes sortes de caractéristiques du système soient *(habituellement)* déterminées de manière unique. Si l'on vous donne une photo de la configuration à un instant des atomes dans de l'hélium à 20° C, vous devriez pouvoir la distinguer d'une photo correspondant à une autre température ou une autre substance, comme vous distinguez un Van Gogh d'un Gauguin en un coup d'œil. L'« ensemble des caractères probabilistes » qui caractérise la disposition des atomes d'une substance comme l'hélium change avec la température, et d'habitude le changement est graduel. De même, on voit souvent le style d'un peintre changer graduellement quand l'artiste vieillit. Et puis l'imprévu se produit. A une certaine température, au lieu d'un changement graduel, on a un saut brusque : de l'hélium gazeux à l'hélium liquide, ou de l'eau à la vapeur ou à la glace.

Peut-on facilement reconnaître la glace de l'eau liquide sur une photo représentant la position des molécules à un instant ? Oui. La glace est cristallisée (pensez aux cristaux dans un flocon de neige), et les directions des axes du cristal sont visibles sur la photo comme des alignements statistiques des molécules dans certaines directions. Dans l'eau liquide par contre, il n'y a pas de directions privilégiées.

Voilà donc un beau problème pour les physiciens théoriciens : démontrer que si l'on augmente ou diminue la température de l'eau, il y aura des changements de phase donnant de la vapeur ou de la glace. Beau problème en effet... mais trop difficile ! Nous sommes fort loin de pouvoir fournir la démonstration demandée. En fait, il n'y a pas un seul type d'atome ou de molécule pour lequel on puisse démontrer qu'il y a cristallisation à basse température. Ces problèmes sont trop difficiles pour nous.

A vrai dire, ce n'est pas une chose rare en physique que de se trouver confronté à un problème beaucoup trop difficile pour qu'on puisse le résoudre... Il y a bien sûr toujours moyen de s'en tirer, mais il faut pour cela altérer la relation de la théorie avec la réalité d'une manière ou d'une autre. Ou bien vous considérez un problème mathématique analogue à celui que vous n'êtes pas capable de traiter, mais plus facile, et vous perdez plus ou moins le contact avec la réalité physique. Ou bien vous gardez autant que possible le contact avec la réalité physique, mais vous changez son idéalisation (souvent en sacrifiant la rigueur mathématique ou la cohérence logique). Les deux approches ont été utilisées pour essayer de comprendre les changements de phase, et toutes deux ont été très fructueuses. D'une part, il est possible d'analyser des systèmes *sur un réseau* où les atomes ne peuvent se trouver qu'en des sites discrets au lieu de se mouvoir librement. Pour ces systèmes on peut prouver mathématiquement l'existence de certains changements de phase [2]. D'autre part, on peut injecter des idées nouvelles dans l'idéalisation de la réalité, comme les idées de Wilson sur *l'invariance d'échelle*, et obtenir une riche moisson de résultats nouveaux [3]. Malgré tout, la situation n'est pas très satisfaisante. On aimerait comprendre le phénomène général des changements de phase, et malheureusement une vue conceptuelle du sujet nous échappe encore pour le moment.

Pour montrer le pouvoir des idées de la mécanique statistique, je vais maintenant sauter du problème de l'ébullition ou de la congélation de l'eau à quelque chose de totalement différent : les trous noirs.

Si vous tirez un coup de feu en l'air, la balle retombera au bout d'un certain temps parce que sa vitesse est insuffisante pour vaincre la gravité, c'est-à-dire l'attraction de la balle par la terre. Mais une balle très rapide, dont la vitesse dépasserait la *vitesse de libération*, quitterait la terre pour toujours si l'on peut négliger quelques petits détails comme le ralentissement dû au frottement de l'air. Pour certains corps célestes, la vitesse de libération est moindre que pour la Terre, et pour d'autres elle est supérieure. Imaginez-vous sur un astre très petit et de très grande masse, où la vitesse de libération soit plus grande que la vitesse de la lumière. Alors, tout ce que vous enverrez en l'air, fût-ce un rayon lumineux, retombera. Vous ne pouvez donc envoyer aucun message au monde extérieur, vous êtes pris au piège. Le genre d'objet céleste sur lequel vous vous trouvez s'appelle un *trou noir*, et devrait être signalé au touriste imprudent par le même avertissement qui est écrit, si l'on en croit Dante, au-dessus des portes de l'enfer : *Lasciate ogni speranza, voi ch'entrate.* Abandonnez tout espoir de sortir, vous qui entrez...

Que l'on me pardonne la description un peu naïve que j'ai faite des trous noirs : les clignotants rouges s'allument et les sirènes se mettent à hurler dans l'esprit d'un physicien quand il est question de « vitesse supérieure à celle de la lumière ». Quand on veut parler à la fois de gravité et de vitesse de la lumière, la théorie physique à utiliser est la *relativité générale.*

La théorie de la relativité générale d'Einstein permet d'ailleurs l'existence de trous noirs, et ceux-ci peuvent être en rotation. Les trous noirs sont formés quand une très grande quantité de matière est placée dans une assez petite région d'espace ; ils attirent et avalent tout ce qui se trouve à proximité. Les astrophysiciens n'ont pas à ce jour la preuve absolue de l'existence de trous noirs, mais ils pensent bien en avoir vu. En particulier, les sources de rayonnement très puissantes qui sont présentes au centre de certaines galaxies, et aussi les « objets quasi stellaires » (quasars) sont vraisemblablement associés à des trous noirs de grande masse. Le rayonnement n'est pas émis par le trou noir lui-même, qui en principe ne peut rien émettre, mais par les régions avoisinantes. Ces régions, si l'on en croit les astrophysiciens, sont des lieux fort déplaisants, et aussi insalubres que les portes de l'enfer. En fait, si un physicien est choisi comme architecte chargé de la conception de l'enfer, celui-ci ressemblera sans doute à un trou noir de grande masse. Supposons qu'un trou noir en rotation se soit formé par coalescence de E9 masses solaires (un milliard). Le trou noir sera entouré d'un *disque d'accrétion* constitué de matière aspirée par le trou noir, et tombant en spirale vers celui-ci. La matière du disque d'accrétion se trouve à haute température et ionisée, formant donc un plasma auquel sera normalement associé un champ magnétique. On peut essayer d'analyser la dynamique de la matière tombant vers le trou noir, des champs magnétiques et électriques, des courants électriques, etc. Les résultats obtenus dépassent tout ce que l'on peut imaginer. Des différences de potentiel de l'ordre de E20 volts (vingt zéros !) se forment près du trou noir. Les électrons sont accélérés par ces différences de potentiel et entrent en collision avec des photons (les particules qui forment la lumière), ces photons accélérés rencontrent d'autres photons et créent des paires électron-positron, produisant autour du trou une atmosphère infernale. Tout au moins c'est une des théories sur ce qui se passe là-bas. Les astrophysiciens ne sont pas d'accord sur les détails, mais en gros on a une région de la taille à peu près de notre système solaire émettant une quantité énorme d'énergie sous forme de rayonnement. On sait que l'énergie et la masse sont équivalentes via le fameux $E = mc^2$ d'Einstein. La quantité d'énergie produite dans le cas qui nous occupe est de l'ordre de 10 masses solaires par an, une quantité monstrueuse, de quelque manière que l'on regarde les choses.

Mais les physiciens théoriciens ne se laissent pas facilement impressionner, et continuent à poser des questions telles que la suivante. Supposons qu'au lieu d'un disque d'accrétion formé de matière tombant vers un trou noir, on ait le vide absolu. Que verrions-nous d'un tel trou noir tout seul dans le vide ? Émettrait-il un quelconque rayonnement ? Suivant les idées classiques de la relativité générale, il aurait des effets gravitationnels, attirant la matière et la faisant aussi tourner dans le cas d'un trou noir en rotation. Il pourrait aussi avoir une charge électrique, mais pour la simplicité nous ne nous en préoccuperons pas. A part cela, les trous noirs se ressemblent très fort. Deux trous noirs de même masse et de même rotation (c'est-à-dire de même moment angulaire) sont indistinguables. Que le trou noir ait été formé à partir d'hydrogène ou d'or est indifférent. Le trou a oublié ses origines (sauf la masse et le moment angulaire) et un physicien refusera de parler d'un trou noir fait d'hydrogène, ou d'or. En outre, suivant la théorie de la relativité générale, un trou noir ne produit aucun rayonnement.

Le Britannique Stephen Hawking est l'un des astrophysiciens qui se sont penchés sur le problème des trous noirs, et il ne s'est pas déclaré satisfait de la réponse concernant l'absence de rayonnement. Le verdict de la relativité générale est clair, mais ne prend pas en compte la mécanique quantique. (En fait nous n'avons pas pour l'instant de théorie complètement cohérente du point de vue logique qui unifie les quanta et la relativité générale.) En quoi la mécanique quantique pourrait-elle être importante dans ce problème ? Eh bien parce que ce qu'on appelle le *vide* en mécanique quantique ne peut jamais être complètement vide. Si vous observez une petite région de vide, la position est connue avec précision et, par suite des relations d'incertitude de Heisenberg, la vitesse (ou plus précisément l'impulsion) doit être assez incertaine. Cela signifie qu'il y a des *fluctuations du vide* sous la forme de particules animées de grandes vitesses [4]. Cet argument, je l'admets, ressemble un peu à une escroquerie, mais c'est la meilleure façon d'exprimer par des mots ce que le formalisme mathématique exprimerait de manière plus cohérente. Normalement, les fluctuations du vide sont insignifiantes si la région de vide que l'on observe n'est pas extrêmement petite. Mais qu'en sera-t-il pour le vide soumis au champ gravitationnel intense qui règne près d'un trou noir ? C'est la question que Hawking s'est posée, et d'après ses calculs, certaines des particules constituant les fluctuations du vide tombent dans le trou, alors que d'autres s'échappent sous forme de rayonnement. En fait, un trou noir émet du rayonnement électromagnétique (donc de la lumière) exactement comme n'importe quel corps émet de la lumière quand on le chauffe. On peut ainsi parler de la température d'un trou noir.

Le résultat de Hawking a d'abord été accueilli avec beaucoup de scepticisme par les physiciens, mais il a été confirmé par des calculs indépendants, et est maintenant bien accepté [5]. Peut-être faut-il dire tout de suite que les trous noirs de grande masse ont une température de Hawking extrêmement basse, et que le rayonnement correspondant est tout à fait indétectable. Ce rayonnement a cependant une importance théorique considérable, dont je voudrais maintenant donner une idée.

La seconde loi de la thermodynamique affirme, comme nous l'avons vu, que l'entropie ne peut jamais diminuer. Il semblerait que l'on peut contredire cette loi en jetant dans un trou noir des objets chargés de beaucoup d'entropie. (Il y aura un petit accroissement de masse du trou, mais celui-ci oubliera ce qu'on y a jeté.) On peut cependant sauver la seconde loi de la thermodynamique en donnant au trou noir une entropie (dépendant de sa masse et de son moment angulaire). Un trou noir peut être produit d'un grand nombre de manières différentes (à partir d'hydrogène, d'or, etc.) et le nombre de chiffres du nombre d'histoires passées possibles du trou est une définition naturelle de son entropie. De manière un peu plus mathématique, on peut écrire

entropie = k log (nombre d'histoires possibles du trou)

On peut ainsi construire une théorie cohérente de la thermodynamique d'un trou noir, auquel est attribué en particulier une température bien définie. Mais alors, comme n'importe quel corps à cette température, il devrait émettre un rayonnement électromagnétique (donc de la lumière). Eh bien, il en émet, comme l'a montré Hawking. Ainsi, de manière inattendue, les trous noirs s'insèrent parfaitement dans le cadre de la thermodynamique et de la mécanique statistique. C'est un de ces miracles comme il s'en produit parfois en science, inespéré, et qui nous montre qu'il y a dans les lois de la nature une harmonie plus grande que ce que l'on aurait osé imaginer.

# 21

## *Information*

Trempée dans votre propre sang, la plume crisse sur le parchemin. Vous venez de signer un pacte avec le Diable. Vous lui promettez votre âme après la mort si, pendant votre vie, il vous donne la richesse, et tout ce que la richesse permet d'acheter. Comment le Diable tiendra-t-il son engagement ? Il pourrait vous fournir les coordonnées d'un trésor caché, mais c'est un peu passé de mode. De manière plus pratique, il pourrait vous informer à l'avance des résultats des courses de chevaux, ce qui vous permettrait d'acquérir une certaine aisance. Si vous êtes plus exigeant, peut-être vous donnera-t-il à l'avance les cours de la bourse. La *connaissance* est ce que le Diable vous offre. Dans tous les cas, ce que vous recevez en paiement de votre âme est de la connaissance, de l'information : les coordonnées d'un trésor, les noms des chevaux gagnants, ou des listes de valeurs d'actions. C'est grâce à cette information que vous deviendrez riche, aimé, et respecté.

Voici un autre exemple de la puissance de l'information. Supposons que des extraterrestres malintentionnés veuillent éliminer l'espèce humaine de la surface du globe sans endommager l'environnement. Ils peuvent procéder en utilisant un virus approprié. Ils cherchent donc un virus aussi léthal que celui du SIDA, mais aisément transmissible et à action rapide comme quelque nouvelle variété de virus du rhume. Ils cherchent une arme qui ne nous laisse pas le temps de préparer des vaccins et d'organiser notre défense.

On peut espérer que le virus nécessaire à l'élimination de l'humanité n'existe pas pour l'instant sur notre planète. Mais il pourrait être produit avec des moyens techniques convenables. Ce qu'il faut à nos extraterrestres malintentionnés c'est une description précise du virus : de l'information de nouveau. Dans le cas du SIDA, l'information nécessaire est, pour l'essentiel, contenue dans la suite des bases qui code l'information génétique du virus. Cette suite est un message écrit avec un alphabet de quatre lettres (A, T, G, C) [1], et le message contient 9 749 lettres ou à peu près. C'est un message assez court. Il y a sans doute un message de longueur semblable qui code pour un virus léthal, rapide, hautement transmissible, et capable de nous exterminer tous. Ce message, qui signifierait la fin de l'humanité, pourrait être imprimé sur quelques pages du livre que vous avez entre les mains.

Personnellement je ne m'inquiéterais pas trop des extraterrestres malintentionnés. Les chefs d'états paranoïaques et les gouvernements fanatiques me paraissent plus à craindre. Ils trouveraient sans peine des scientifiques aux idéaux confus ou des techniciens consciencieux et sans imagination pour travailler aux projets les plus délirants, les plus suicidaires. Peut-être est-ce ainsi que se terminera l'histoire de l'humanité.

La seule pensée réconfortante qui me vienne à l'esprit sur le sujet est la suivante. Si les extraterrestres malintentionnés ou les scientifiques déboussolés doivent compter sur le hasard pour trouver la description du virus ultime, alors nous n'avons vraiment rien à craindre. Le nombre des messages d'environ dix mille lettres écrits dans un alphabet de quatre lettres est bien plus grand que le nombre de grains de sable de toutes les plages de notre Galaxie, plus grand que le nombre d'atomes de tout l'univers connu. L'immensité de ce nombre est inconcevable. En bref, personne ne peut espérer deviner exactement un message long de dix mille lettres.

La longueur d'un message donne une indication sur la *quantité d'information* qu'il contient. La longueur du message est importante, mais il faut aussi tenir compte du choix de l'alphabet : on peut remplacer les quatre lettres A, T, G, C par les chiffres 0,1 si l'on traduit une lettre par deux chiffres : A = 00, T = 01, G = 10, C = 11. La longueur du message traduit est deux fois celle du message original, mais la quantité d'information dans les deux messages est la même. On pourrait d'ailleurs tout aussi bien coder des paires de lettres successives A, T, G, C par seize lettres de l'alphabet a, b, c, ..., p, ce qui donnerait un message moitié moins long, mais contenant toujours la même quantité d'information.

Si l'on vous donne un texte en anglais, vous pouvez le comprimer en supprimant les voyelles, et le texte reste d'habitude compréhensible. On écrit donc plus de lettres que ce qui est indispensable, ce qui veut dire que l'anglais écrit est redondant. Il en est bien sûr de même du français. Pour mesurer la quantité d'information contenue dans un texte, il faut d'abord savoir dans quelle langue il est écrit. Plus généralement, si l'on veut parler de quantité d'information contenue dans des textes ou messages, il faut savoir quels sont les messages permis (parmi ceux qui ont une longueur donnée). Si l'on a la liste des messages permis, on peut les numéroter. On peut alors coder chaque message par son numéro d'ordre, et ce codage n'a plus aucune redondance. La longueur des nombres-codes est donc une bonne mesure de la quantité d'information des messages. Cela nous conduit à la définition suivante :

quantité d'information = nombre de chiffres du nombre de messages permis

Cette définition correspond à l'étude d'une classe de messages permis plutôt qu'à l'étude d'un seul message (un autre point de vue est possible, et sera discuté dans un chapitre ultérieur). Il faut modifier un peu la définition quand les différents messages n'ont pas tous la même probabilité, mais nous ne nous préoccuperons pas ici de cette complication [2].

Par analogie avec la définition de l'entropie, on pourrait aussi écrire

quantité d'information = K log (nombre de messages permis)

La quantité d'information est d'habitude exprimée en *bits* (de l'anglais *binary digits*). Cela veut dire que l'on traduit le message dans un alphabet binaire (avec les deux « lettres » 0 et 1) et que l'on mesure sa longueur. (Ou, de manière équivalente, on prend K = 1/log2 dans la formule ci-dessus.)

L'Américain Claude Shannon, dans un article publié en 1948 [3], a créé d'un seul coup une nouvelle science : la *théorie de l'information.* L'objet de cette théorie est de résoudre un problème pratique important : comment transmettre de l'information avec efficience. Je suppose que vous avez une source produisant constamment de l'information (un politicien faisant un discours, votre belle-mère ou votre beau-frère bavardant au téléphone – on ne demande pas que ce qu'ils disent ait aucun sens). Vous pouvez considérer ce flot d'information comme une succession de messages d'une certaine longueur, en français, et produits à une certaine cadence. Votre boulot, comme technicien, est de transmettre ces messages par une certaine ligne de communication. Cette ligne peut être un vieux câble télégraphique, ou un rayon laser dirigé vers une station spatiale éloignée. La ligne a une certaine *capacité :* c'est le plus grand nombre de symboles binaires (bits) que l'on peut transmetttre par seconde. Si votre source d'information produit un nombre de bits par seconde plus grand que la capacité de la ligne, vous ne pouvez pas transmettre le message (tout au moins pas à la vitesse à laquelle il est produit). Sinon, vous pouvez, mais il vous reste le problème de vous débarrasser d'une partie de la redondance du message original par un codage approprié. (C'est ce que l'on appelle *compression de données ;* le message peut être comprimé s'il est redondant, mais l'information n'est pas compressible.)

Un autre problème qui se pose est celui du bruit sur la ligne. On peut faire face à ce problème en augmentant la redondance du message de manière adéquate. Voici comment. Quand vous codez le message, vous introduisez des bits d'information supplémentaire qui vous permettent de vérifier quand le bruit a changé une lettre, et d'autres bits qui vous permettent de corriger. En d'autres termes, vous utilisez un code correcteur d'erreurs. Si la capacité de la ligne est assez élevée, et le bruit suffisamment faible, vous pouvez triompher du bruit grâce à un code correcteur d'erreurs. Ou, plus précisément, vous pouvez assurer que la probabilité de transmission d'un message incorrect soit arbitrairement petite. Cela demande bien sûr à être démontré, et la théorie des codes correcteurs d'erreurs est difficile, mais les idées de base sont simples.

La définition de l'information est calquée sur celle de l'entropie, et cette dernière mesure la quantité de hasard présente dans un système. Pourquoi l'information est-elle mesurée en termes de hasard ? Simplement parce qu'en choisissant un message dans toute une classe de messages possibles, on se débarrasse de l'incertitude ou du hasard présent dans cette classe.

Le succès de la théorie de l'information a été remarquable, tant dans ses développements mathématiques que dans ses applications pratiques. Comme pour les théories physiques, il faut cependant comprendre que la théorie de l'information s'applique à des idéalisations, et ignore certains caractères importants de la réalité. La source d'information est censée produire une suite au hasard de messages permis (ou un message infiniment long avec certaines propriétés statistiques). On ne demande pas que les messages soient utiles ou logiquement cohérents, ni qu'ils aient aucun sens. Dire qu'un message contient une grande quantité d'information revient à dire qu'il est choisi dans une grande classe de messages permis, ou que beaucoup de hasard est présent. Ce hasard peut correspondre en partie à de l'information utile, en partie à du bruit sans intérêt.

Discutons un exemple, celui des mélodies musicales. Nous laissons de côté divers détails, et nous considérons les mélodies comme des messages dont l'alphabet est donné par une gamme. On peut essayer de trouver la quantité d'information (ou de hasard) contenue dans la mélodie en étudiant la fréquence des diverses notes, et la statistique des intervalles entre notes successives (c'est une procédure standard en théorie de l'information [4]). J'ai mentionné dans un chapitre précédent que la musique ancienne utilise surtout des petits intervalles, et par conséquent un petit nombre d'intervalles. Dans la musique plus récente, on trouve une variété croissante d'intervalles fréquents. On peut conclure de là que (dans la musique classique occidentale) il y a une croissance graduelle de la quantité d'information, ou de hasard, contenue dans les mélodies musicales [5]. Cette conclusion est intéressante, mais à prendre avec un grain de sel. Il y a en effet d'autres régularités dans une mélodie que celles décrites par la statistique des intervalles entre notes successives. Un morceau de musique a un début et une fin, et pas mal de structure entre les deux. Cette structure ne correspond pas simplement à des corrélations entre notes successives (la statistique des intervalles), mais aussi à des corrélations à longue portée (corrélations qui s'étendent sur toute la longueur du morceau). Il est difficile de tenir compte de ces corrélations à longue portée du point de vue de la théorie de l'information, et elles sont donc oubliées.

Par ailleurs, l'information contenue dans une mélodie peut être imaginative et originale, ou morne et dépourvue de sens. Si l'on place du papier à musique sur une carte du ciel, et que l'on marque des notes à la position des étoiles, on obtient une « musique céleste » qui contient beaucoup d'information, mais cela ne veut pas dire que ce soit de la très bonne musique.

La quantité d'information contenue dans une œuvre d'art est une notion importante (qui pourrait être définie pour la peinture aussi bien que la poésie ou la musique). Cela ne signifie pas qu'une haute qualité corresponde à une quantité d'information élevée, ou au contraire basse. On ne peut sans doute pas parler d'art s'il n'y a pas un minimum d'information, mais certains artistes ont essayé des valeurs très faibles. Par contre, de nombreuses œuvres d'art (peintures ou romans) contiennent une quantité énorme d'information [6].

Peut-être commencez-vous ici à vous impatienter un peu. En effet, je disserte sur la quantité d'information contenue dans les messages et les œuvres d'art, mais je m'abstiens soigneusement de parler du problème de leur signification. C'est, direz-vous, l'attitude habituelle et irritante des scientifiques, qui se préoccupent systématiquement de l'aspect le plus formel et le plus superficiel des choses, et perdent de vue l'essentiel. Pour répondre à cette critique, il faut bien voir que la valeur de la science réside dans les bonnes réponses (si possible les réponses simples) qu'elle peut fournir, plutôt que dans la profondeur des problèmes dont elle pourrait se préoccuper. Le problème du sens, de la signification, est visiblement un problème profond et complexe. Il est lié, entre autres choses, au problème du fonctionnement de notre cerveau, dont nous sommes assez ignorants. Il ne faut donc pas trop s'étonner que la science d'aujourd'hui s'attaque seulement à des aspects superficiels du problème de la signification.

Un de ces aspects superficiels est l'étude de la quantité d'information, au sens discuté dans le présent chapitre, et il est remarquable de voir jusqu'où cela nous mène. On peut mesurer des quantités d'information de la même manière que l'on mesure des quantités d'entropie ou de courant électrique. Non seulement cela a des applications pratiques, mais cela nous donne aussi certaines vues intéressantes sur l'art. Évidemment, on aimerait poser des questions plus ambitieuses, mais il est clair le plus souvent que ces questions plus ambitieuses dépassent nos facultés d'analyse. Que l'on songe aux mélodies musicales, voilà des messages que nous pensons comprendre profondément, mais nous sommes bien incapables d'expliquer ce qu'ils signifient. L'existence de la musique est un scandale intellectuel permanent, mais ce n'est qu'un scandale parmi bien d'autres. Les scientifiques savent combien il est difficile d'analyser des phénomènes physiques simples comme l'ébullition de l'eau, ou sa congélation, et ils ne s'étonnent pas trop de voir que beaucoup de questions relatives à l'esprit humain (ou au fonctionnement du cerveau) dépassent pour l'instant notre entendement.

# 22

## *Complexité algorithmique*

La science progresse par la création de nouveaux concepts : de nouvelles idéalisations en physique, de nouvelles définitions en mathématiques. Après quelque temps, certains des nouveaux concepts se révèlent peu naturels et peu féconds. D'autres, par contre, se trouvent être plus utiles et plus fondamentaux qu'on ne l'avait d'abord imaginé. Ainsi, le concept *d'information* s'est révélé l'un des plus fructueux parmi ceux que la science moderne a créés. Entre autres choses, l'information nous permet d'aborder le problème de la *complexité*.

Nous sommes entourés d'objets complexes, mais qu'est-ce que la complexité ? Les organismes vivants sont complexes, les mathématiques sont complexes, et la construction d'une fusée spatiale est complexe. Qu'est-ce que ces choses ont en commun ? Eh bien, probablement qu'elles contiennent beaucoup d'information difficile à obtenir. Nous sommes incapables pour le moment de créer de toutes pièces des organismes vivants, nous avons bien du mal à prouver certains théorèmes mathématiques, et il faut beaucoup de travail pour concevoir et réaliser une fusée spatiale.

*Un objet (physique ou intellectuel) est complexe s'il contient de l'information difficile à obtenir.* Nous n'avons pas précisé ce que « difficile à obtenir » signifie, et par conséquent notre définition de la complexité n'a pas de signification précise. En fait le français, comme les autres langues *naturelles* utilisées par les hommes dans la vie de tous les jours, nous permet des définitions merveilleusement vagues et imprécises comme celle que nous venons de donner pour la complexité. Cette imprécision est souvent un avantage plutôt qu'un inconvénient. Mais si nous voulons faire de la science, nous devons être plus stricts, plus formels. Et par conséquent il y aura non pas une, mais plusieurs définitions de la complexité, suivant le cadre dans lequel on se place. Ainsi, une discussion sérieuse de la complexité de la vie doit prendre en compte le cadre physique de l'univers où la vie se développe. Mais il y a des concepts de complexité qui peuvent être analysés dans un cadre purement mathématique. Je vais maintenant discuter un tel concept, celui de *complexité algorithmique.*

En bref, un algorithme est une manière systématique d'effectuer une certaine tâche, ou de résoudre un certain problème. Le problème est de nature mathématique et il s'agit, en opérant sur des données symboliques finies, d'arriver à un certain résultat par un nombre fini de manipulations explicitées sans ambiguïté. Nous avons par exemple tous appris l'algorithme pour multiplier deux nombres entiers. Un algorithme opère toujours sur un message de données, tels que « 3 × 4 » (écrit avec les symboles 0, 1, 2, ..., 9, ×) et fournit un message de résultat, tel que « 12 ». Le plus facile pour exécuter une multiplication est à l'heure actuelle d'utiliser un ordinateur, et l'on peut définir un algorithme comme une tâche exécutable par un ordinateur (comportant un programme approprié). Ce qu'on entend ici par ordinateur est une machine un peu idéalisée : la machine (y compris le programme) est finie, mais une mémoire infinie est à sa disposition. (On ne veut pas limiter la définition d'un algorithme simplement parce que les ordinateurs commerciaux ne peuvent pas entrer en mémoire un nombre de E100 chiffres.)

Le mathématicien britannique Alan Turing a inventé et décrit avec précision un ordinateur qui se prête bien à l'étude théorique des algorithmes. (Pour l'utilisation pratique, cette machine serait d'ailleurs remarquablement inefficace.)

La *machine de Turing* a un nombre fini *d'états internes :* des états actifs et un état d'arrêt. La machine exécute son travail sur un ruban de papier infini divisé en une succession de cases. (Ce ruban sert de mémoire.) Sur chaque case du ruban est marqué un symbole d'un alphabet fini, un de ces symboles étant *vide.* La machine de Turing opère par cycles successifs de manière complètement prévisible. Si elle est dans l'état d'arrêt, elle ne fait rien. Sinon, la machine lit la case où elle se trouve et, suivant son état interne et ce qu'elle vient de lire, fait les choses suivantes :

(a) elle efface ce qui était écrit et écrit quelque chose d'autre (ou la même chose) dans la case,
(b) elle se déplace d'une case, à gauche ou à droite,
(c) elle passe à un nouvel état interne.

Si le nouvel état interne est un état actif, la machine commence un nouveau cycle, déterminé par le contenu de la nouvelle case et son nouvel état interne.

Dans la situation de départ, le ruban contient un message fini qui est le message de données (le reste du ruban est vide, c'est-à-dire est formé de cases marquées du symbole *vide*). La machine démarre à un bout du message de données, et les choses sont arrangées de telle manière que quand la machine s'arrête, elle a écrit un nouveau message, qui est sa réponse ou message de résultat. La réponse peut être oui ou non, ou peut être un chiffre, ou peut être un message plus long. On peut s'arranger pour qu'une machine de Turing additionne ou multiplie des nombres entiers, ou s'acquitte de toute autre tâche que pourrait accomplir un ordinateur. On n'a d'ailleurs pas besoin d'une infinité de machines différentes pour des tâches différentes car *il existe une machine de Turing universelle.* Pour faire fonctionner un algorithme particulier sur cette machine universelle, on doit décrire sur le ruban un message de données qui contient à la fois la description de l'algorithme et les données particulières que l'on veut traiter [1].

En résumé, un algorithme est une manière systématique d'effectuer une certaine tâche, et l'on peut utiliser un ordinateur pour appliquer l'algorithme. Il suffit en fait d'utiliser cette sorte d'ordinateur très primitif que l'on appelle une machine de Turing. Pour une tâche donnée, il peut exister des algorithmes efficients ou inefficients, suivant le nombre de cycles de la machine de Turing nécessaires à l'obtention d'une réponse. La *complexité algorithmique* d'un problème dépend donc de l'existence d'algorithmes efficients pour traiter ce problème. Pour savoir si un algorithme est efficient ou non, on compare la longueur L du message de données et le temps T (nombre de cycles d'une machine de Turing universelle) nécessaire pour obtenir une réponse. Si T croît comme $L^n$, c'est-à-dire s'il existe des constantes C et n telles que

$$T \leq C(L+1)^n$$

on dit que l'on a un algorithme à *temps polynomial.* (La raison de ce nom est que $C(L+1)^n$ est un polynome en L.)

Un algorithme à temps polynomial est considéré comme efficient, et l'on dit que le problème correspondant est *traitable.* Si n = 1, le temps pris par l'algorithme sera en gros proportionnel à la longueur des données ; si n = 2, il sera en gros proportionnel au carré de la longueur des données, etc. On peut montrer que le caractère traitable ou non d'un problème ne dépend pas du choix de la machine de Turing universelle utilisée. Considérons par exemple le problème où le message de données est un nombre entier, et où l'on veut savoir s'il est divisible par 2, ou par 3, ou par 7. Vous ne serez guère surpris d'apprendre que de tels problèmes sont traitables (et vous avez sans doute appris à l'école les algorithmes efficients qui permettent de les résoudre).

Fondamentalement, les ordinateurs modernes sont des machines de Turing universelles (ce qui leur manque, c'est une mémoire vraiment infinie). Il est donc important de savoir quels sont les problèmes traitables, c'est-à-dire ceux pour lesquels il existe un algorithme efficient. Mais la découverte d'un tel algorithme peut être difficile. Ainsi, ce n'est que depuis quelques années que l'on a des algorithmes en temps polynomial pour la *programmation linéaire* [2]. Techniquement, le problème de la programmation linéaire est de trouver le maximum d'une fonction linéaire sur un polyèdre convexe. Le théorème du minimax en théorie des jeux conduit à un problème de ce type. L'utilisation efficiente des ressources économiques donne lieu aussi à des problèmes de programmation linéaire. Dans ce cas donc, l'existence d'un algorithme efficient peut avoir des conséquences pratiques importantes.

Cependant, tous les problèmes ne sont pas traitables. Supposons que la seule manière que nous ayons de traiter un certain problème demande une étude cas par cas de tous les messages de longueur L écrits en alphabet binaire. Cela prendra un temps

$$T \geq 2^{L}$$

Ici, le temps minimum estimé pour résoudre le problème est multiplié par 2 quand la longueur L des données est augmentée de 1. Nous avons vu des exemples de croissance exponentielle de ce type dans des chapitres précédents, et nous avons pu nous rendre compte qu'une telle croissance donne rapidement des nombres énormes. Un algorithme à temps exponentiel est donc d'une utilité limitée. En général, un problème pour lequel il n'existe pas d'algorithme en temps polynomial est considéré comme *intraitable*.

Quels sont donc les exemples de problèmes intraitables, et pourquoi sont-ils intraitables ? Je suggère que vous posiez ces questions à un spécialiste de l'informatique théorique si vous en comptez un parmi vos amis. Prévoyez quelques heures pour la réponse, et essayez d'avoir un tableau noir à votre disposition. Ce n'est pas que ce soit difficile à expliquer mais c'est, disons... un peu technique. C'est aussi tout à fait fascinant. Votre ami définira les problèmes *NP complets* [3], *NP difficiles*, et vous expliquera que ces problèmes sont supposés être intraitables. Ce serait formidable si l'on pouvait montrer que les problèmes NP complets (ou difficiles) sont intraitables. Ce serait encore plus formidable si l'on pouvait prouver qu'ils sont traitables...

Vous êtes perplexe ? Tout ce que je puis raisonnablement faire ici est de donner des indications succinctes sur ces questions, et des exemples de problèmes qui sont, pensent les experts, intraitables.

Un exemple souvent cité est le problème du voyageur de commerce. On vous donne les distances entre un certain nombre de villes, et on vous alloue un certain kilométrage total. (Les distances et le kilométrage sont des nombres entiers de km ou de quelque autre unité.) La question est de savoir s'il existe un circuit joignant toutes les villes et dont la longueur n'excède pas le kilométrage total alloué. Il faut répondre oui ou non. Si un certain circuit est proposé, il est assez facile de vérifier que la condition de kilométrage maximum est satisfaite. Il n'est par contre pas praticable de tester tous les circuits possibles l'un après l'autre quand le nombre de villes à joindre est grand. Le problème du voyageur de commerce est un exemple de problème NP complet.

D'après la définition que nous suivrons ici, les problèmes NP complets requièrent une réponse par oui ou par non. On demande aussi que l'existence d'une réponse positive puisse être vérifiée en temps polynomial. (Il y a une asymétrie entre les réponses oui et non puisqu'on ne demande pas qu'une réponse négative soit vérifiable en temps polynomial.) Supposons que vous ayez un problème favori du type discuté, et appelons-le *problème* X. Supposons que le problème X peut être résolu en temps polynomial si vous avez libre accès aux solutions du problème du voyageur de commerce. Et supposons que le problème du voyageur de commerce peut être résolu en temps polynomial si vous avez libre accès aux solutions du problème X. Alors on dit que le problème X est NP complet. Malgré beaucoup d'efforts, on n'a pas trouvé d'algorithme polynomial pour résoudre les problèmes NP complets. On pense généralement qu'il n'y en a pas, et que ces problèmes sont donc intraitables. Mais cela n'a pas été prouvé.

Il est utile d'introduire des problèmes dits NP difficiles, qui sont au moins aussi difficiles que les problèmes NP complets, mais qui ne requièrent pas une réponse par oui ou par non (d'après la définition de Garey et Johnson que nous suivons ici, voir la note 1). Voici un exemple : le problème du *verre de spin*. Le message de données est un tableau de nombres a(i,j) dont la valeur est +1 ou −1, où i et j vont de 1 à n (par exemple de 1 à 100, auquel cas il y a 10 000 nombres +1 ou −1 dans le tableau). On demande la valeur maximum de l'expression

$$\mathcal{E} = \sum_{i=1}^{n} \sum_{j=1}^{n} a(i,j)\, x(i)\, x(j)$$

où les valeurs permises pour x(1), ..., x(n) sont de nouveau +1 ou −1. Il faut donc additionner n-carré termes, chacun égal à +1 ou −1, et rendre le résultat maximum. Peut-être refusez-vous de croire que ce problème est intraitable, et peut-être avez-vous raison, mais personne n'a trouvé d'algorithme efficient pour le résoudre. (Notez que le message de données contient n-carré bits, et qu'une étude cas par cas demande de considérer $2^n$ cas.) Le problème du verre de spin est le prototype d'une famille de problèmes qui se posent dans la physique des *systèmes désordonnés* [4]. (C'est *l'interaction* a(i,j) entre les sites i et j qui est désordonnée.) Le problème de rendre $\mathcal{E}$ maximum est semblable au problème de trouver le plus haut pic d'une chaîne de montagnes (voir la Figure 1). Mais ce qui est facile dans le cas de la figure (parce que x varie sur un intervalle de droite), est difficile dans le cas du verre de spin. Ici, en effet, la géométrie des pics et des vallées est à n dimensions... et intraitable (même si, pour chacune des n dimensions, seulement les deux valeurs +1 et −1 sont possibles).

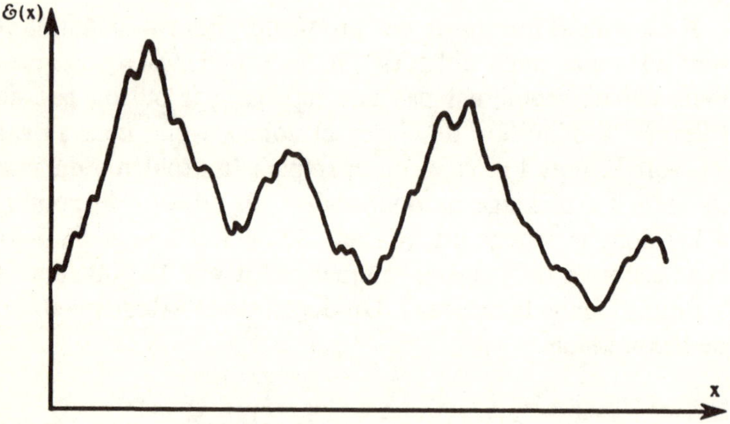


**Figure 1.** Quelle est la plus grande valeur de $\mathcal{E}$(x).

Le problème du verre de spin nous donne l'occasion de présenter une idéalisation ou, plus exactement, une métaphore du problème de la vie. Suivant la métaphore, le problème de la vie est de trouver un message génétique x(1)...x(n) qui donne une valeur élevée à une expression compliquée comme $\mathcal{E}$ ci-dessus. Suivant ce que nous avons dit, cela peut être un problème très difficile. Il y a des indications que la métaphore de la vie que nous venons de présenter n'est pas sans rapport avec la réalité [5].

L'idée de complexité algorithmique peut aussi servir de métaphore à la difficulté de démontrer des théorèmes mathématiques, ou de construire des fusées spatiales. Nous allons voir, cependant, que la démonstration des théorèmes conduit à des niveaux de complexité plus profonds que ceux des problèmes NP-complets : plus profonds, plus obscurs, et plus effrayants.

# 23

## *Complexité et théorème de Gödel*

En 1931 le logicien d'origine autrichienne Kurt Gödel a publié ce qui est sans doute le résultat conceptuel le plus profond obtenu par l'humanité au cours du XXe siècle. Je me souviens d'avoir vu Gödel à l'Institute for Advanced Study de Princeton, dans les années soixante et au début des années soixante-dix. C'était un petit homme jaunâtre et émacié, et il avait des tampons d'ouate dans les oreilles. Voici une histoire typique que j'ai entendue à son sujet [1]. On avait permis à un collègue en visite d'utiliser le bureau de Gödel pendant que ce dernier était lui-même absent. Au moment de s'en aller, le collègue avait laissé une note de remerciements sur le bureau de Gödel, regrettant de ne pas l'avoir rencontré, et exprimant l'espoir de faire sa connaissance de manière plus intime à une autre occasion. Un peu plus tard, le collègue trouvait dans son courrier une enveloppe envoyée par Gödel. Elle contenait la note adressée à Gödel, et où ce dernier avait souligné la phrase *j'espère avoir l'occasion de faire votre connaissance de manière plus intime à une autre occasion*, ajoutant au crayon : *que voulez-vous dire exactement ?*

Kurt Gödel est mort d'inanition en 1978. Il semble qu'il avait peur qu'on ne l'empoisonne, ou Dieu sait quoi, et refusait de manger.

Si vous comptez le suicide de Ludwig Boltzmann et celui d'Alan Turing (il était homosexuel en un lieu et à une époque où la chose n'était pas acceptée), vous pourriez en venir à penser que les scientifiques sont des gens assez suicidaires. Cette conclusion, cependant, serait totalement erronée. La plupart des scientifiques sont des gens très normaux, souvent normaux au point d'être ennuyeux et sans imagination. Et je pense n'être pas contredit si j'affirme que dans leurs travaux scientifiques aussi beaucoup sont ennuyeux et sans imagination. Même leurs notices nécrologiques sont souvent plates et stéréotypées, exprimant la désolation pour leur « disparition prématurée » et faisant, en France, la liste de leurs titres et décorations. Aux États-Unis, on insiste plutôt sur les qualités domestiques (souvent peu crédibles) du défunt, son assiduité à la synagogue ou son intérêt pour les œuvres paroissiales. On célèbre aussi son « enthousiasme communicatif » (les Américains disent « infectious ») et autres sottises. (L'enthousiasme infectieux est une maladie assez horrible, mais qui souvent n'est diagnostiquée qu'après la mort du patient.)

Mais revenons à Kurt Gödel. Quels qu'aient été ses problèmes, au moins il ne souffrait pas d'enthousiasme infectieux (et n'en faisait pas souffrir les gens autour de lui).

Pour comprendre la découverte de Gödel, il est peut-être utile de songer à des traits de caractère – ordre, parcimonie, entêtement – qui sont communs parmi les scientifiques (et particulièrement les mathématiciens) et qui leurs sont utiles. Ces traits de caractère ont été reliés par Freud à la prédisposition à la névrose obsessionnelle et au stade sadique-anal de l'évolution de la libido [2]. Quoi qu'il en soit, les traits de caractère en question rendent naturelle l'idée de présenter la mathématique et ses règles de déduction de manière aussi propre et ordonnée que possible. Le grand rêve, donc, est de baser la mathématique sur des règles d'inférence logique parfaitement définies, et sur un nombre fini d'assertions fondamentales complètement explicites que l'on appelle axiomes. Ce rêve s'est développé depuis Euclide le Grec (environ 300 avant notre ère) jusqu'à David Hilbert, le grand mathématicien allemand (1862-1943), et a conduit à une formalisation progressive de l'ensemble des mathématiques. L'arithmétique des nombres entiers a été formalisée particulièrement tôt, et la culmination du grand rêve des mathématiciens a été l'espoir suivant : que pour toute assertion précisément formulée concernant les nombres entiers, on puisse décider de manière systématique si elle est vraie ou fausse. C'est cet espoir que Gödel a anéanti.

Gödel a montré que si l'on fixe les règles d'inférence, et un nombre fini quelconque d'axiomes, il y a des assertions précisément formulées dont on ne peut démontrer ni qu'elles sont vraies ni qu'elles sont fausses. Plus précisément, supposons que les axiomes acceptés pour les nombres entiers sont *non contradictoires*, donc qu'on ne pourra jamais par application répétée des règles d'inférence prouver qu'une assertion est à la fois vraie et fausse. Alors, il y a de vraies propriétés des nombres entiers [3] qui ne peuvent être déduites des axiomes. Et si vous acceptez une telle propriété comme nouvel axiome, d'autres propriétés resteront indémontrables.

Dans notre compréhension des fondements des mathématiques, le théorème de Gödel a joué un rôle de pivot. Au départ, le choc a été rude. Puis il y a eu un changement progressif dans les systèmes de croyances des mathématiciens. En même temps, la difficile démonstration du théorème était simplifiée. La simplification est venue de l'introduction de nouveaux concepts, en partie par Gödel, en partie par d'autres (la machine de Turing en est un exemple). Ainsi, la découverte du théorème d'incomplétude a progressivement changé le paysage mathématique. Et le résultat est que ce théorème nous semble maintenant assez naturel, et en fait même quelque peu trivial. Le grand rêve avait été qu'un ensemble fini d'assertions vraies (les axiomes) formerait une base dont on pourrait déduire toutes les assertions vraies concernant les nombres entiers. Nous savons maintenant que *l'ensemble de toutes les propriétés des nombres entiers* (c'est-à-dire l'ensemble de toutes les assertions vraies concernant ces nombres) *n'a pas une base finie.* Il y a d'ailleurs une explication intuitive à l'absence de base finie et cette explication, comme nous allons le voir, fait de nouveau intervenir *l'information.*

Nous avons vu précédemment comment la quantité d'information contenue dans un message est définie quand on connaît la famille de tous les messages permis. En particulier, si tous les messages formés avec les symboles 0 et 1 sont acceptés, alors une suite d'un million de 0 contient une quantité d'information d'un million de bits. Une idée différente, due à Solomonoff, Kolmogorov, et Chaitin [4] est de considérer la longueur (en bits) du plus petit programme d'ordinateur qui produira le message auquel on s'intéresse comme message de réponse. Dans le cas présent, on aurait un programme (ou message de données) du genre « imprimer un million de 0 », et sa longueur serait bien inférieure à un million de bits. La quantité ainsi définie a été appelée *information algorithmique*, ou *complexité de Kolmogorov-Chaitin.* C'est une complexité dans le sens qu'elle mesure la difficulté de produire le message (difficulté au sens de la longueur du programme, en bits, pas au sens du temps de calcul). Suivant le choix de l'ordinateur, on aura des définitions légèrement différentes. On peut supposer qu'on utilise une machine de Turing universelle.

Si le message « blablabla... » contient un million de bits, sa KC-complexité (complexité de Kolmogorov-Chaitin) ne peut valoir beaucoup plus qu'un million de bits puisqu'on peut obtenir ce message en utilisant le programme « imprimer "blablabla..." ». Par ailleurs, si la quantité d'information d'un message est d'un million de bits, sa KC-complexité n'est habituellement pas beaucoup inférieure à un million. (Si l'on supposait par exemple que beaucoup de messages peuvent être comprimés à dix pour cent de leur longueur originale, on aboutirait à une contradiction.) Les remarques que je viens de faire ne présentent guère de difficulté.

Je vais maintenant m'occuper d'un problème plus difficile : étant donné un certain message, déterminer sa KC-complexité. Mais... il me semble que je vous vois bâiller ! La KC-complexité ne vous intéresse pas ? Elle vous ennuie ? Eh bien, je vais mettre à profit votre inattention, vous donner de mauvais conseils... et dans quelques minutes vous allez vous noyer dans les paradoxes logiques, et vous demanderez grâce.

Comment allons-nous déterminer la KC-complexité du message « blablabla... » long d'un million de bits ? Il nous suffit de faire une liste de tous les programmes un peu plus longs qu'un million de bits, de les insérer l'un après l'autre dans notre ordinateur, et d'examiner les messages de réponse. La longueur du plus petit programme qui a comme réponse « blablabla... » est la KC-complexité de ce message. Rien de plus simple. En pratique cela risque de prendre un peu longtemps, mais en principe vous ne voyez pas de raison qui empêcherait de procéder comme nous venons de l'indiquer, n'est-ce pas ?

Bien, bien, bien ! Tant que nous y sommes, nous pouvons demander à l'ordinateur d'imprimer le premier message, par ordre alphabétique, parmi ceux dont la KC-complexité est d'au moins un million. Je vous laisse le soin de définir l'ordre alphabétique dans le présent contexte. Je vous laisse aussi le soin d'écrire le « superprogramme » qui imprime le premier message (par ordre alphabétique) dont la KC-complexité est d'au moins un million. Ce superprogramme devrait être assez court (il vérifie un nombre fini de programmes et imprime un résultat). Si vous avez le moindre don pour la programmation, la longueur de votre superprogramme devrait être bien inférieure à un million de bits... et vous voilà plongé jusqu'au cou dans les paradoxes logiques, et demandant grâce : avec un programme de moins d'un million de bits vous avez défini un message de KC-complexité d'au moins un million, en flagrante contradiction avec la définition de la KC-complexité.

Qu'avez-vous fait de mal ? Les logiciens vous diront que votre erreur a été de rester assis à côté de l'ordinateur après y avoir entré un programme et d'avoir naïvement imaginé que, en temps utile, il en sortirait une réponse. Une machine de Turing peut, après un certain temps, s'arrêter et donner un message de réponse, ou bien elle peut ne jamais s'arrêter, *et vous ne savez pas d'avance ce qui arrivera.* Il ne faut pas trop attendre d'une machine de Turing. En particulier, on ne sait pas si la machine s'arrêtera jamais quand on y met un certain programme (ou message de données) : il n'y a pas d'algorithme pour en décider. En fait, il n'y a pas non plus d'algorithme pour décider quelle est la KC-complexité d'un message ; c'est un aspect du théorème de Gödel comme l'a découvert Chaitin.

Ce que Chaitin a montré, c'est que des assertions du type « le message “ blablabla... ” a une KC-complexité au moins égale à N » ou bien sont fausses, ou bien sont indémontrables quand N est suffisamment grand. Que veut dire suffisamment grand ? Cela dépend des axiomes de la théorie. Les axiomes contiennent une certaine information (qui dépend de leur longueur totale), et vous ne pouvez pas démontrer que « blablabla... » contient plus d'information que les axiomes que vous utilisez. C'est assez raisonnable, n'est-ce pas ? Et en fait ce n'est même pas très difficile à démontrer [5].

Il y aurait encore beaucoup de choses à dire au sujet du théorème de Gödel, mais je craindrais de me noyer (et vous aussi) dans les détails techniques, et je me bornerai donc à quelques remarques.

Peut-être avez-vous remarqué une certaine incohérence dans mes affirmations concernant le théorème de Gödel.

D'abord j'ai dit qu'il s'agissait de propriétés des nombres entiers, puis au lieu de cela je me suis occupé de complexité de messages. En fait, on peut traduire des assertions logiques (concernant par exemple la complexité des messages) en propriétés de nombres entiers. C'est Gödel qui a commencé cette sorte de jeu, dont la culmination a été la solution du « dixième problème de Hilbert » [6]. Il est donc peu important que nous n'ayons pas explicitement parlé de propriétés de nombres entiers.

Du point de vue que nous avons adopté, le fait crucial pour le théorème de Gödel, c'est qu'on ne sait pas si une machine de Turing va s'arrêter ou non quand on y met un certain programme. Pour des programmes d'une longueur donnée, ou bien la machine fonctionnera jusqu'à un temps maximum, puis s'arrêtera, ou bien elle continuera à fonctionner indéfiniment, et ne s'arrêtera jamais. Si nous connaissions le temps d'arrêt maximum pour chaque longueur de programme, on pourrait décider quels sont les programmes pour lesquels la machine s'arrête, et quels sont ceux pour lesquels elle fonctionnera indéfiniment. (Il suffit de laisser tourner la machine jusqu'au temps d'arrêt maximum pour la longueur du programme donné ; si la machine continue à fonctionner à ce moment-là, elle ne s'arrêtera jamais.) Mais le fait crucial est que nous ne savons pas quel est le temps d'arrêt maximum. Et nous ne pouvons pas le connaître parce qu'il croît plus rapidement que n'importe quelle fonction calculable de la longueur du programme : plus rapidement qu'un polynôme, plus rapidement qu'une exponentielle, plus rapidement qu'une exponentielle d'exponentielle...

Au chapitre précédent nous avons décidé qu'un problème était intraitable si l'on ne pouvait pas le résoudre en temps polynomial (c'est-à-dire polynomial par rapport à la longueur du programme, ou du message de données). Nous voyons maintenant combien plus intraitables sont certains problèmes mathématiques. Nous nous étions posés des questions sur la complexité des choses en général, et le théorème de Gödel nous dit que déjà l'arithmétique des nombres entiers est d'une inimaginable complexité.

Et maintenant une dernière question : qu'est-ce que tout cela a à voir avec le sujet de ce livre ? Quel rapport le théorème de Gödel a-t-il avec le hasard ? Nous savons que l'on peut produire indéfiniment de nouvelles propriétés des nombres entiers, indépendantes de celles qui sont déjà connues, mais ces propriétés sont-elles en quelque sens aléatoires ? La réponse est positive, et l'on peut produire une suite de propriétés des nombres entiers qui sont, au hasard, vraies ou fausses (cela a été fait explicitement par Chaitin [7]). Plus précisément on peut, en se basant sur les propriétés des nombres entiers, définir une suite de chiffres binaires qui sont 0 ou 1 indépendamment et avec probabilité 1/2. Cela veut simplement dire qu'aucun moyen de calcul ne donne aucun avantage en moyenne pour deviner les chiffres successifs de la suite (cette suite est donc tout à fait incalculable).

La logique du monde où nous vivons est donc assez étonnante. Ou tout au moins, les logiciens nous donnent de ce monde une vue assez surprenante. Mais nous nous y habituons. Et la vue changera peut-être encore, pour paraître encore plus extraordinaire... et de nouveau nous nous y habituerons après quelque temps [8].

# 24

## *La vraie signification du sexe*

Nous approchons de la fin de ce livre, et vous regrettez peut-être de n'avoir pas, un peu plus, pu faire preuve d'initiative. Il est vrai que, à part secouer la tête en grommelant, vous avez gardé une attitude un peu trop passive. Nous allons changer cela. Je suggère que vous vous engagiez dans une entreprise noble et généreuse : créer la vie.

Nous supposerons que Vous avez déjà créé les Étoiles, les Galaxies, et les autres Objets Célestes. Pour engendrer l'Univers, il Vous a suffi d'écrire quelques Équations sur un Bout de Papier, et Vous allez maintenant envoyer un Message à l'Univers, et y mettre la Vie.

Si vous le permettez, je vais maintenant supprimer les majuscules, et examiner votre message de vie d'un œil froid et scientifique. Une chose que nous devons garder présente à l'esprit est que votre message de vie devra faire face à beaucoup de hasard. En effet, le chaos classique, l'incertitude quantique, et même le théorème de Gödel, de différentes manières, introduisent du hasard dans l'univers que vous avez créé. Comment cela va-t-il affecter votre message ?

Nous avons discuté précédemment un modèle de verre de spin comme métaphore de la vie. L'idée est qu'il y a une fonction

$$\mathcal{E} \text{ (message)}$$

que votre message doit rendre aussi grande que possible. Nous pouvons supposer que votre message doit se reproduire, et que la fonction $\mathcal{E}$ est associée à la probabilité de reproduction d'un message semblable au message originel [1]. La fonction $\mathcal{E}$ contient tout ce que votre message connaît de l'univers, et en particulier elle reflète le hasard présent dans l'univers.

Le problème du verre de spin (celui de rendre $\mathcal{E}$ maximum) est NP difficile, comme nous l'avons vu dans le chapitre sur la complexité algorithmique. Vous n'allez pas perdre votre temps à essayer de le résoudre exactement, ni de le résoudre vous-même. Vous laisserez votre message se débrouiller tout seul en espérant que, par approximations successives, il finira par atteindre une valeur élevée de $\mathcal{E}$. Votre message, en fait, est un message génétique, qui a la capacité de se reproduire. Les approximations successives correspondent à des mutations au hasard, suivies de sélection, ce qui nous ramène à une vue relativement orthodoxe de la vie. La méthode par mutations et sélection est d'ailleurs aussi une manière d'aborder le problème du verre de spin, mais on parle alors de *méthode de Monte-Carlo* (ainsi nommée parce que le hasard y joue un rôle, comme au casino). Quel que soit le nom, on voit que cette méthode d'approximations successives conduira probablement à des valeurs de plus en plus élevées de $\mathcal{E}$, mais pas nécessairement au maximum absolu. Si l'on se réfère à la Figure 1, chapitre 22, il est clair que si l'on se met à gravir par approximations successives la mauvaise montagne, on arrivera au sommet de cette montagne, mais pas au sommet de la montagne la plus haute. La méthode par mutations et sélection permet donc de développer la vie de manière efficace, mais ne donne pas en général les résultats optimaux.

D'ailleurs, plus votre message génétique est long, et plus la méthode de Monte-Carlo est inefficace. En effet, l'information contenue dans votre message sera rapidement perdue par les mutations au cours des générations successives, à moins que les mutations ne soient limitées à un niveau assez bas [2]. Mais cela veut dire que le lent processus de mutations et de sélection ne vous conduira qu'en haut d'une petite montagne de la Figure 1, chapitre 22, et que vous avez très peu de chance d'atteindre jamais les très hauts sommets.

Créer la vie, comme vous le voyez, conduit à des tas d'ennuis. Que faire maintenant ? Une bonne idée pourrait être d'examiner la fonction

$$\mathcal{E}\text{ (message)}$$

qui contient toute la complexité de l'univers, telle qu'elle apparaît du point de vue de votre message de vie. Y a-t-il autre chose que du hasard dans cette fonction ? quelque régularité dont on puisse tirer profit ? L'univers est-il complètement dénué de sens et de raison ? ou a-t-il quelque structure ? Heureusement, il y a des régularités dans l'univers, et celles-ci s'expriment même au niveau de votre message. Ce qui se passe, c'est que vous pouvez découper votre message en segments, ou phrases qui ont chacune un sens propre :

message = (phrase A, phrase B, phrase C, ...)

Les phrases A, B, C, etc., peuvent aussi être appelées gènes, et leur sens est qu'elles codent, disons, pour différents enzymes. Mais je ne veux pas m'occuper des détails de la machinerie génétique. Il importe ici plutôt de comprendre comment la possibilité de découper le message de vie en segments significatifs correspond dans un certain sens abstrait à la structure de l'univers. Supposons que (par mutation) vous obteniez de nouveaux messages tels que

(phrase A *, phrase B, phrase C, ...)

ou

(phrase A, phrase B *, phrase C,...)

et ainsi de suite. Nous ferons l'hypothèse que ces mutations ne sont pas trop désastreuses, de sorte que les messages (ABC ...), A*BC ...), (AB*C ...) donnent tous une valeur assez élevée à la fonction &. Le fait de mettre ensemble deux mutations raisonnables pourrait donner un résultat catastrophique, mais souvent ce n'est pas le cas. En d'autres termes, souvent (A*B*C ...) est un message génétique raisonnable si (A*BC...) et (AB*C ...) le sont, et c'est ce fait qui exprime au niveau de la fonction & que l'univers n'est pas totalement dépourvu de sens. En fait, l'argument que nous venons de présenter garde sa valeur si A, B, C, ... sont des morceaux de gènes ou des lettres individuelles (= bases) plutôt que des gènes.

Nous sommes arrivés à une conclusion conceptuelle importante, et que je vais répéter. Le fait qu'il y ait un certain ordre dans l'univers trouve à s'exprimer au niveau de votre message de vie. L'ordre de l'univers a pour résultat que c'est une bonne idée de recombiner des messages mutés (A*BC ...) et (AB*C ...) en un message (A*B*C ...). Le processus qui effectue cette recombinaison s'appelle la sexualité [3]. Et vous, le Créateur, voyant que la recombinaison est bonne pour votre message, vous inventez le sexe, et vous le donnez à vos créatures. Voilà donc quelle est la vraie signification du sexe : c'est qu'il y a dans l'univers certaines régularités, et que la recombinaison génétique est par conséquent utile.

Au lieu de changer par mutation une lettre à la fois dans le message génétique, le hasard peut maintenant remplacer un mot ou une phrase par un autre mot ou une autre phrase. C'est évidemment un processus beaucoup plus intelligent. (Notez qu'il y a aussi d'autres choses que l'on peut faire, comme éliminer certaines parties du message génétique, ou en garder plusieurs copies.)

L'apparition du sexe permet donc à la vie d'évoluer bien plus rapidement. Les mutations continuent bien entendu à se produire, mais un processus novateur plus intelligent entre en jeu pour remanier les messages génétiques. Et après chaque remaniement, la sélection naturelle agit, pour conserver les plus aptes et les plus chanceux [4].

Le sexe a donc rendu la vie beaucoup plus intéressante, et l'on est tenté de s'abandonner au lyrisme pour décrire la collaboration enthousiaste des gènes qui conduit la vie vers des valeurs toujours plus hautes de la fonction $\mathcal{E}$ (message).

Les études modernes conduisent cependant à une vue plus sobre des choses, comme l'expose le biologiste britannique Richard Dawkins dans un livre fascinant, *The Selfish Gene* [5] (le gène égoïste). Dawkins analyse l'effet de la sélection naturelle au niveau d'un gène individuel, et montre que celui-ci essaye d'assurer égoïstement sa propre reproduction, sans se soucier des autres gènes. Rappelons-nous que les gènes sont les morceaux significatifs élémentaires du message génétique. En l'absence de mutation, ils reproduisent d'eux-mêmes des copies identiques, et sont donc potentiellement immortels. Les plantes et les animaux ne sont que les véhicules mortels qui transportent les gènes, et leur comportement est déterminé par cette tâche unique. On a des raisons de croire qu'il y a beaucoup de gènes resquilleurs qui ne font rien d'utile pour les véhicules qui les transportent (et qui peuvent même être nuisibles). La cohabitation de nombreux gènes égoïstes n'est pas chose facile. Elle est inefficiente, et l'on aimerait mettre de l'ordre et de la discipline dans l'assemblée des gènes.

Que faire ? Nous nous tournons de nouveau vers vous, le grand savant, le créateur de la vie, l'inventeur du sexe, pour nous inspirer une idée qui fasse fonctionner le message génétique de manière plus efficiente.

... ?

Que voulez-vous dire, que tout cela est un malentendu ? Vous prétendez ne plus être responsable de la création de la vie ? Ni de son évolution ? Êtes-vous bien sûr ?

Voilà qui est terriblement décevant. Vous avez abandonné vos créatures. Nous devons maintenant écrire un nouveau scénario, et tout recommencer...

Ainsi donc, les étoiles, les galaxies, et les autres objets célestes se sont mis à exister. On ne sait pas trop comment ni pourquoi. Mais il n'y a pas non plus de raison très sérieuse que toutes ces choses ne soient pas là. Il y a beaucoup de hasard dans l'univers, et aussi pas mal de structure. Et la vie est apparue dans l'univers. Assez facilement semble-t-il [6], mais nous ne savons pas exactement comment. Les petits messages génétiques qui sont l'essence de la vie ont fait face à la complexité de l'univers, et s'y sont adaptés. Puis les petits messages génétiques ont découvert l'art de se recombiner, que l'on appelle la sexualité. Et le bénéfice de cette découverte a été grand, car il a permis aux messages génétiques de mieux exploiter l'ordre et la structure de l'univers.

Les messages génétiques de la vie sont des assemblées de gènes égoïstes. Mais la sélection naturelle force ces gènes à coopérer d'une manière qui ne soit pas trop inefficiente. Et la vie a créé une prolifération de formes et de mécanismes pour utiliser le monde qui nous entoure, pour exploiter les régularités de la structure de l'univers.

Parce qu'il y a des régularités dans la structure de l'univers, et parce que la vie peut les exploiter à son avantage, une nouvelle caractéristique de la vie est apparue lentement. C'est ce que nous appelons *l'intelligence.*

# 25

## *Intelligence*

David Marr était un spécialiste du traitement de l'information visuelle et de l'intelligence artificielle, et il travaillait au MIT (Massachusetts Institute of Technology). Son livre *Vision* [1] est une des contributions les plus importantes à la littérature scientifique des dernières années. David Marr a entrepris d'écrire son livre quand il a appris qu'il souffrait de leucémie, et qu'il ne lui restait plus très longtemps à vivre. On comprend ainsi que *Vision* ne s'attarde pas au rituel pompeux qui alourdit si souvent la littérature scientifique. Le livre va droit aux questions essentielles.

L'information qui atteint nos yeux est traitée à divers niveaux depuis la rétine jusqu'au cortex visuel (une zone à l'arrière du cerveau), et l'ensemble du système fonctionne merveilleusement pour analyser ce qui se passe autour de nous. Quelques questions se posent naturellement : quelle est la structure de notre système visuel ? Comment fonctionne-t-il exactement ? Comment s'est-il constitué ? Mais David Marr pose aussi d'autres questions. Ainsi, partant de zéro, si nous voulions inventer un système visuel, quelles seraient les options ? C'est, si vous voulez, un problème d'ingénieur, quelle est la valeur de la solution biologique à ce problème ? Nous connaissons des fragments de réponses à toutes ces questions. En mettant ces fragments ensemble, on arrive à une vue générale très convaincante, même si beaucoup de détails restent douteux.

Pour ce qui nous concerne, le résultat important est celui-ci : notre système visuel est structuré de manière à traiter un certain type d'information visuelle, correspondant à une réalité physique bien définie. C'est ce qui résulte clairement de l'analyse de David Marr. Notre système visuel n'est pas un instrument généraliste pour l'analyse des distributions de couleur et d'intensité lumineuse. C'est un instrument destiné à percevoir des objets dans l'espace à 3 dimensions, objets limités par des surfaces à 2 dimensions, ces surfaces étant elles-mêmes limitées par des bords. Le système visuel doit repérer les bords, reconstruire les surfaces, et les interpréter en termes d'objets soumis à un certain éclairage, et placés d'une certaine manière par rapport à l'observateur. (Il y a d'ailleurs bien d'autres choses à faire, comme de percevoir les mouvements, et tout cela doit être fait très vite.)

Quand nous ouvrons les yeux, nous recevons du monde extérieur une quantité énorme d'informations. Mais le monde extérieur est hautement structuré, et les messages que reçoivent nos yeux sont donc très redondants. Le système visuel, en faisant des hypothèses sur la classe des messages permis, procède à une compression des données reçues. Cette compression de données commence au niveau de la rétine, et avant même d'atteindre le cortex visuel, les messages sont déjà traités et considérablement comprimés. Tout ce que nous voyons, ce sont des images interprétées, interprétées par un système visuel que l'évolution naturelle a préparé à affronter un certain type de réalité physique extérieure.

Retournons maintenant au problème de l'ingénieur qui veut inventer un système visuel efficient. C'est un problème d'*in-*

*telligence artificielle.* Pourquoi *intelligence ?* Ce que nous appelons intelligence est l'activité de l'esprit, dont le siège est le cerveau. L'intelligence guide nos actions sur la base de ce que nous percevons de l'univers extérieur, et l'interprétation des messages visuels en fait donc partie.

Pour comprendre l'intelligence, une idée naturelle est d'étudier le cerveau : en investiguer l'anatomie, utiliser des électrodes pour analyser son activité électrique, regarder ses cellules sous le microscope, etc. Tout cela a été fait, bien entendu, et fournit des informations importantes (en particulier sur le système visuel). L'étude directe du cerveau a cependant ses limitations. Il serait difficile de reconstruire une langue naturelle telle que le français en regardant un cerveau. Cependant le langage joue sans doute un rôle important dans l'organisation de l'intelligence humaine. Le problème du langage montre d'ailleurs qu'il n'est probablement pas facile de comprendre l'intelligence, et qu'il n'est pas sage de se limiter à une seule méthodologie, que ce soit la neurophysiologie ou la psychologie.

Il est particulièrement naturel et approprié d'aborder l'étude du système visuel à la manière d'un ingénieur. Il est remarquable que ce soit aussi de cette manière que Sigmund Freud a abordé l'analyse de l'instinct sexuel. Ce que Freud appelle sexe n'est pas tout à fait la même chose que ce que nous avons appelé sexe au chapitre précédent ; les deux concepts ne sont cependant pas sans rapports [2]. Le fondateur viennois de la psychanalyse a décrit un certain nombre de *pulsions partielles* (liées souvent à des zones érogènes particulières : orale, anale, ...) et explique l'instinct sexuel en ces termes-là. Les pulsions partielles apparaissent séparément chez les petits enfants. Dans le cours naturel des choses, elles s'organisent ensuite en un comportement sexuel fonctionnel. Les comportements dits pervers apparaissent quand les pulsions partielles ne s'intègrent pas comme elles devraient le faire normalement (et ce qui est ici appelé normal est le comportement favorisé par la sélection naturelle, c'est-à-dire celui qui conduit à la procréation).

L'instinct sexuel et le système visuel peuvent se comprendre l'un et l'autre sur la base de leur fonction. Les « erreurs » du système, c'est-à-dire les perversions sexuelles dans un cas, et les illusions visuelles dans l'autre, guident notre interprétation. Pour le système visuel, nous avons en plus une compréhension assez détaillée du traitement de l'information accompli depuis la rétine jusqu'au cerveau. L'étude de l'instinct sexuel ne bénéficie pas par contre d'études anatomiques et fonctionnelles détaillées, et la situation est bien pire pour les autres problèmes posés par la psychanalyse. En fait, la gloire et la tragédie de la psychanalyse résident dans son isolement méthodologique, et c'est ce qui lui a attiré le mépris de beaucoup de scientifiques. Freud lui-même était un scientifique, et a constitué la psychanalyse comme une doctrine scientifique. Sous ses successeurs, malheureusement, la psychanalyse s'est éloignée de la science. On peut seulement espérer qu'un renouveau méthodologique amènera un renversement de cette tendance. Après tout, la psychanalyse s'occupe de problèmes de « logiciels » qui devraient un jour ou l'autre faire une jonction fructueuse avec les problèmes de « câblage » dont s'occupent les neurosciences.

Mais revenons au problème de l'intelligence. En mettant ensemble un instinct sexuel, un système visuel, et quelques autres mécanismes du même genre, on obtiendrait sans doute un cerveau raisonnable pour un rat ou un singe. Mais l'intellect humain n'est-il pas quelque chose de totalement différent, et d'incomparablement supérieur ? Eh bien, peut-être pas. Une raison de penser que la différence n'est pas extrême est que la différenciation du cerveau humain a pris relativement peu de temps à l'échelle de l'évolution (quelques millions d'années, et le développement de langages complexes est sans doute beaucoup plus récent). Si l'on était capable de construire un cerveau de singe, on ne serait sans doute plus très loin du cerveau humain en termes de nouveaux mécanismes à utiliser. Autrement dit, les aptitudes spécifiquement humaines d'utilisation d'outils et d'apprentissage de langages complexes ont été probablement relativement faciles, même si elles correspondent à une augmentation considérable de la taille du cerveau.

Bien entendu, nous avons des capacités intellectuelles fort supérieures à celles des rats et des singes : nous pouvons discuter du problème théologique de la prédestination, lire de la poésie et en éprouver du plaisir, et démontrer que la suite des nombres premiers est illimitée. Mais le cerveau que nous utilisons est basé sur les mêmes mécanismes que celui d'un rat ou d'un singe. Il est pathétique que ce cerveau prétendument si supérieur a du mal à exécuter des opérations arithmétiques simples, est incapable de donner l'heure exacte, et ne peut pas mettre facilement en mémoire quelques milliers de chiffres. (C'est pourquoi nous utilisons des calculatrices, des horloges, des calendriers et des annuaires.) Dans l'activité typiquement « supérieure » que constitue la science, il semble que nous utilisons surtout nos capacités de langage et notre système visuel. L'implication du système visuel est un gros avantage, et c'est pourquoi la géométrisation des mathématiques est importante.

Essayons de résumer. Notre cerveau et notre intelligence sont basés sur des mécanismes strictement liés au problème de la survie dans un certain type d'environnement. Assez récemment, l'évolution a ajouté aux fonctions de base du cerveau quelques mécanismes supérieurs d'une grande flexibilité. La possession de ces mécanismes supérieurs s'est révélée très utile, et a été encouragée par l'évolution naturelle. Un sous-produit des mécanismes supérieurs est qu'ils ont permis à la connaissance scientifique de se développer. A mon avis, il s'agit là d'un accident. Il manque au cerveau humain certaines fonctions de base fort désirables pour faire de la science : l'aptitude à calculer de manière rapide et fiable, ou la capacité de mettre en mémoire de grandes quantités de données. Malgré ces insuffisances, la science humaine s'est développée et nous permet d'analyser bien plus profondément la nature des choses que nous n'aurions pu raisonnablement l'espérer.

Nous vivons, apparemment, dans un monde plein d'objets tridimensionnels limités par des surfaces à 2 dimensions [3]. Il est donc normal que notre cerveau perçoive bien ces objets : c'est une aptitude utile à la survie, et que la sélection naturelle encourage. Mais la sélection naturelle n'explique pas que nous comprenions la chimie des étoiles, ou les propriétés subtiles des nombres premiers. La sélection naturelle fait voir pourquoi les humains ont acquis des fonctions intellectuelles supérieures : elle ne montre pas pourquoi notre univers physique ou le monde abstrait des mathématiques sont aussi accessibles à notre intelligence.

Nous nous sommes convaincus de ce que l'univers physique devait présenter beaucoup de hasard. Nous nous sommes convaincus que beaucoup d'assertions mathématiques devaient être indémontrables. Et pourtant, extraordinairement, nous comprenons beaucoup de choses, tant au sujet de l'univers physique qu'au sujet des mathématiques.

Ce que nous appelons compréhension est fort lié à la nature particulière de l'intelligence humaine. Nous faisons par exemple grand usage des langues naturelles en mathématique. En effet, notre pauvre cerveau est incapable de faire face à des textes mathématiques complètement formalisés, bien qu'ils soient en principe préférables. (On pourrait croire que le jargon utilisé par les mathématiciens est bien assez formel et incompréhensible, mais ce n'est pas ce qu'on appelle une langue mathématique formalisée, on pourrait dire que ce jargon est semi-formalisé.) Nous présentons nos connaissances mathématiques sous la forme de brefs théorèmes parce que notre esprit rejette les formulations réellement longues. Il n'y a pas de doute que des êtres intelligents non humains feraient leurs mathématiques assez différemment de nous. On en a déjà une idée en regardant travailler les ordinateurs utilisés comme aides dans les études mathématiques. (Les ordinateurs actuels ne comprennent pas les textes en langue naturelle, mais utilisent sans broncher de très longs codes.) En bref, la façon dont nous faisons des mathématiques est humaine, trop humaine. Mais la plupart des mathématiciens ne doutent pas qu'il y ait une réalité mathématique au-delà de notre mesquine existence. Nous découvrons la réalité mathématique, nous ne la créons pas. Nous nous posons une question qui semble naturelle, et nous commençons à y travailler, et souvent nous trouvons la réponse (ou quelqu'un d'autre la trouve). Et nous savons que la réponse n'aurait pu être différente. La chose surprenante est que, à cause du théorème de Gödel, nous n'avions aucune garantie que la question puisse être résolue. Nous ne savons pas pourquoi le monde de la vérité mathématique nous est accessible, et nous nous émerveillons qu'il le soit.

La compréhensibilité de l'univers physique en termes de structures mathématiques n'est pas moins étonnante. Le physicien Eugène Wigner a exprimé son étonnement dans un article au titre expressif : « La déraisonnable efficacité des mathématiques dans les sciences naturelles »[4]. Nous avons appris combien vaste est l'univers, et quelle place insignifiante nous y occupons. Et la chose incroyable est que nous puissions sonder les profondeurs de cet univers, et le comprendre.

# 26

## *Épilogue : la science*

Faisons un saut temporel de quelques milliers d'années en arrière. La nuit tombe, la journée de travail est finie, et l'on allume les lampes à huile. Nous commentons les nouvelles locales, et les activités rurales à venir, dont la date est choisie d'après l'aspect des constellations dans le ciel. Nous nous étonnons des histoires racontées par les voyageurs, et des langues étranges qu'ils parlent. Il y a une discussion sur les attributs des dieux, ou sur un point de loi, ou sur les vertus médicinales de quelque plante. La curiosité intellectuelle est bien présente ici, le besoin de comprendre les secrets du vaste monde et la nature des choses. Et nous appliquons cette curiosité à toutes sortes de problèmes : comment interpréter les rêves pour connaître le futur, comment comprendre les signes dans le ciel, ou comment réaliser un angle droit avec un bout de ficelle (faire un triangle de côtés 3, 4, et 5).

Et maintenant, quelques milliers d'années plus tard, en nous tournant vers le passé, nous voyons que certains sujets de discussion ont été oubliés : les attributs des anciens dieux ne nous intéressent plus beaucoup. Quelques questions n'ont pas grandement changé : quelle est la vraie nature de l'art ? et qu'est-ce que la conscience ? Mais l'étude d'autres problèmes a donné lieu aux extraordinaires progrès de la science et des techniques, qui ont complètement changé la condition humaine. Du comptage des moutons et du tracé d'angles droits avec une ficelle sont sorties les mathématiques. L'observation du mouvement des astres a conduit à la création de la mécanique et de la physique. Et plus tard la biologie et la médecine moderne se sont développées, remplaçant l'étude des plantes médicinales.

Le destin de la science a été différent de celui des autres domaines de la curiosité humaine, non parce que la curiosité était d'une autre nature, mais parce que les objets et les concepts mis en cause étaient différents. Il s'est avéré plus profitable d'analyser les propriétés des triangles que l'interprétation des rêves. L'étude du mouvement du pendule s'est montrée plus fructueuse que l'étude de la nature de la conscience. Parfois la science éclaire les vieux problèmes philosophiques, parfois elle est subvertie par eux. Mais souvent les questions suggérées par l'introspection restent sans réponses, et si les réponses viennent, elles sont intellectuellement convaincantes plutôt que psychologiquement satisfaisantes [1].

Le *hasard* ne semblait pas a priori être un sujet très prometteur pour une étude précise, et beaucoup de scientifiques l'ont méprisé naguère. Maintenant, il joue pourtant un rôle central dans notre compréhension de la nature des choses. Le but du présent livre était de donner une idée de ce rôle. Nous avons vu comment on peut par les théories physiques idéaliser le monde qui nous entoure, et comment le *chaos* limite le contrôle intellectuel que nous avons de ce monde. Nous avons vu qu'une évaluation correcte du hasard et de la *prédictibilité* sont importants, aussi bien au niveau de la vie de tous les jours qu'au niveau de l'histoire. Nous avons introduit l'*entropie* qui mesure la quantité de hasard due au chaos moléculaire dans un litre d'eau. Nous avons jeté un coup d'œil sur les problèmes de *complexité*, et vu que l'*information* utile peut être très difficile à obtenir. Et nous avons trouvé du hasard même dans les propriétés des nombres entiers 1, 2, 3, ...

Jetons encore un regard maintenant sur ceux qui font la science.

Après discussion avec bon nombre de collègues, je suis arrivé à la conclusion qu'il y avait deux grands groupes parmi les physiciens de ma génération. Certains ont développé leur goût de la science en faisant de la chimie amusante quand ils étaient jeunes. D'autres, plus attirés par l'électricité et la mécanique, s'amusaient à démonter des appareils radio et des réveille-matin. J'étais moi-même résolument chimiste. Lorsque je rencontre un collègue ayant eu de semblables inclinaisons, il arrive que nous passions une heure à évoquer et comparer les souvenirs de nos folles « expériences » chimiques. Comme de préparer de la nitroglycérine ou du fulminate de mercure, ou de faire bouillir de l'acide sulfurique dans un tube en Pyrex. (Cette dernière expérience est particulièrement à décourager.) Je demandais un jour au physicien américain John Wheeler s'il appartenait à la catégorie chimique ou à la catégorie électromécanique. Sa réponse a été « les deux » et son épouse qui était présente lui a saisi la main en disant « montre ton doigt, Johnny ». Et Johnny a dû montrer son doigt auquel il manquait un petit morceau à la suite d'une « expérience amusante » de sa jeunesse. Le physicien Murray Gell-Mann m'a dit par contre qu'il n'avait jamais fait de « science amusante », mais qu'au lieu de cela il avait lu beaucoup de science-fiction.

A cause des problèmes de drogue et de terrorisme, il est devenu difficile de se procurer des produits pour la chimie amusante. Et par ailleurs, le démontage des appareils radio et des réveille-matin perd de son intérêt à cause de la miniaturisation électronique (il n'y a plus grand-chose à voir). Les futurs savants s'amusent donc maintenant avec des ordinateurs, ce qui doit produire une variété nouvelle et différente de physiciens. Dans tous les cas cependant, la carrière d'un physicien commence par une certaine fascination, qui est sans doute de nature un peu magique dans le cas de la chimie amusante, de nature plus logique dans le cas des appareils électriques ou mécaniques, et des ordinateurs. Je laisse de côté le cas des gens qui se retrouvent à « faire de la recherche » pour gagner leur vie, mais qui préfèrent regarder un match à la télé quand ils ont le choix.

Les mathématiciens, comme les physiciens, sont poussés par une fascination puissante. La recherche mathématique est dure, à la fois gratifiante et pénible intellectuellement, et l'on ne s'y livre pas sans quelque forte motivation intérieure.

Quelle est l'origine de cette pulsion, de cette fascination qui sert de moteur à l'activité des physiciens, des mathématiciens, et sans doute aussi des chercheurs dans les autres domaines de la science ? La psychanalyse suggère que c'est la curiosité sexuelle. Vous commencez par vous demander d'où viennent les petits bébés puis, de fil en aiguille, vous vous retrouvez à préparer de la nitroglycérine ou à résoudre des équations différentielles. L'explication est un peu irritante, ce qui veut sans doute dire qu'elle est fondamentalement correcte. Mais si la curiosité sexuelle est à l'origine de la science, quelque chose d'autre vient bientôt s'y ajouter qui est fondamental : le fait que le monde est compréhensible. Si l'on aborde la science sous l'angle purement psychologique (qu'il soit psychanalytique ou neuroscientifique), on reste aveugle à la compréhensibilité des mathématiques ainsi qu'à la « déraisonnable efficacité des mathématiques dans les sciencces naturelles ». Certains spécialistes des sciences molles semblent partager cet aveuglement. Mais, dans leur ensemble, les mathématiciens et les physiciens estiment qu'ils ont affaire à une réalité extérieure avec ses lois propres, une réalité qui transcende les règles de la psychologie, une réalité étrange, fascinante et, dans un certain sens, belle aussi.

Et voilà. Je m'apprêtais à vous faire une description à la fois simple et émouvante de la tâche grandiose du savant résolvant les énigmes de l'univers... mais je vois que vous ne me le permettrez pas. Vous voudriez que l'on parle d'Œdipe, fort satisfait d'avoir résolu l'énigme du sphinx, et qui a déclenché par là une série d'événements si catastrophiques, si désastreux, qu'elle a occupé les auteurs dramatiques et les psychanalystes pendant les trois mille ans qui ont suivi. Les scientifiques aussi commencent par résoudre des énigmes, puis se font sauter un petit bout de doigt, puis peut-être la planète entière. La science ne devrait-elle pas avoir un comportement plus responsable ?

La réponse à cette dernière question est claire : la science est totalement amorale, et complètement irresponsable. Les scientifiques agissent, individuellement, suivant le sens qu'ils ont (ou n'ont pas) de leur responsabilité morale, mais ils agissent comme êtres humains, pas comme représentants de la science. Prenons un exemple. Ce que l'on appelait jadis *la nature*, et qui n'est déjà plus que *notre environnement*, est en passe de devenir simplement notre poubelle. Est-ce la faute de la science ? La science peut effectivement aider à la destruction de la nature, mais elle peut aussi aider à protéger l'environnement, ou elle peut servir à mesurer la pollution. Les décisions sont toutes humaines. La science répond aux questions (au moins de temps en temps), mais ne prend pas de décision. Les humains prennent des décisions (au moins de temps en temps).

Il est difficile de juger quels sont les choix réellement ouverts à l'humanité. L'apocalypse est-elle pour demain ? Ou le genre humain peut-il poursuivre indéfiniment sa carrière ? Le cerveau que nous utilisons est le même que celui de nos ancêtres de l'âge de la pierre, et il a fait preuve d'une flexibilité étonnante. Au lieu de courir à pied et de chasser avec un javelot, l'humain moderne conduit une voiture et vend des assurances. Et à moins d'un cataclysme prochain, il y aura d'autres changements, de nouveaux progrès. Pour de nombreuses tâches techniques, nos cerveaux paléolithiques obsolescents seront remplacés par des machines plus rapides, plus puissantes et plus fiables. Et la science viendra à l'aide de nos antiques mécanismes de copie génétique, permettant d'éviter toutes sortes d'horribles maladies. Et nous ne pouvons pas dire NON. Pour des raisons sociologiques nous n'avons pas l'option de refuser toutes ces magnifiques améliorations. Mais l'humanité pourra-t-elle survivre aux changements que nous ne pouvons éviter de faire à notre environnement physique et culturel ? Nous n'en savons rien.

Maintenant comme jadis, l'obscurité de notre futur reste insondable, et nous ne savons pas si l'humanité marche vers un futur plus noble, ou vers une autodestruction inévitable.

# Notes

## 1. Le hasard

1. *Le théorème des quatre couleurs*

Supposons qu'une carte géographique soit tracée sur la sphère ou dans le plan. On suppose aussi qu'il n'y a pas de mers et que les pays sont tous d'un seul tenant. On veut colorier cette carte de sorte que deux pays avec une frontière commune aient des couleurs différentes. (On tolère la même couleur si les deux pays n'ont qu'un nombre fini de points frontières en commun.) Combien de couleurs faudra-t-il ? Réponse : quatre couleurs suffisent dans tous les cas. C'est le théorème des quatre couleurs.

La solution du problème des quatre couleurs est due à Kenneth Appel et Wolfgang Haken. Les articles techniques sont : K. Appel and W. Haken, *Every planar map is four colorable, Part I : Discharging*, Illinois J. Math. *21*, 429-490 (1977) ; K. Appel, W. Haken and J. Koch, *Every planar graph is four colorable, Part II : Reducibility*, Illinois J. Math. *21*, 491-567 (1977).

Pour des présentations moins techniques, voir K. Appel and W. Haken, *The solution of the four-color-map problem*, Scientific American, October 1977, pp. 108-121 ; K. Appel and W. Haken, *The four color proof suffices*, The mathematical Intelligencer *8*, 10-20 (1986).

Les ordinateurs remplaceront-ils les mathématiciens dans cinquante ou dans cinq cents ans ? La question est très ouverte, et il ne semble pas possible de lui donner maintenant une réponse sérieuse. J'ajouterai que je ne suis aucunement enthousiaste pour le remplacement généralisé de l'intelligence humaine par l'intelligence des ordinateurs. Il reste que la question se pose, et qu'une attitude de noble déni (de type « je suis profondément convaincu que jamais la machine ne pourra remplacer l'intelligence de l'Homme ») manque un peu de bon sens.

2. La tâche de classifier les groupes finis simples a mis en jeu beaucoup de calculs sur ordinateur, en plus d'un énorme temps de travail de mathématiciens. Pour une brève introduction au problème, voir J.H. Conway, *Monsters and moonshine*, The mathematical Intelligencer *2*, 165-171 (1980).

3. La biographie de Newton qui fait autorité actuellement est : R. Westfall, *Never at rest*, Cambridge University Press, Cambridge, 1980. La diversité des intérêts intellectuels de Newton est fascinante. D'une part, il y a les grands résultats qu'il a obtenus en mathématiques et en physique, et d'autre part, des spéculations douteuses (d'après notre jugement présent) sur l'alchimie, l'histoire et la religion. On est tenté de censurer la production intellectuelle de Newton, et de décréter qu'une partie est bonne tandis que le reste mérite d'être oublié. Mais si nous voulons comprendre le processus créateur de l'esprit de Newton, nous ne pouvons pas laisser de côté ses spéculations douteuses. Dans l'espoir qu'il avait d'appréhender le sens de l'univers, les recherches sur les prophéties et l'alchimie étaient aussi importantes que ses travaux sur la gravitation ou le calcul différentiel. Il nous reste, clairement, beaucoup à comprendre sur la manière dont fonctionnait l'esprit de Newton. Un fait, malheureusement, semble émerger du livre de Westwater : le grand Newton semble n'avoir eu aucune espèce de sens de l'humour.

4. Pour une introduction aux problèmes de la génétique moléculaire, voir le livre classique de J. Monod, *le Hasard et la nécessité*, Le Seuil, Paris, 1970. Cet ouvrage accomplit un extraordinaire travail de nettoyage philosophique, que l'on ne peut qu'admirer, même si l'on n'accepte pas toutes les vues de l'auteur. (D'aucuns jugent Monod trop pessimiste, je le croirais plutôt trop optimiste dans ses vues sur une possible *nouvelle alliance*.)

**2. Mathématique et physique**

1. Les mathématiciens sont, comme il est naturel, un groupe un peu hétérogène. Certains aiment l'attaque frontale des problèmes, et doivent leur succès à leur grande puissance technique. D'autres tournent autour d'une question jusqu'à ce qu'ils trouvent une astuce subtile qui permette une solution aisée. (Mais il n'y a pas toujours d'astuce subtile.) Tous ne sont donc pas pareils, et certains ne correspondent guère à l'idée qu'on se fait des matheux. Mais souvent il y a un air de famille non seulement entre mathématiciens, mais plus généralement entre scientifiques professionnels. La ressemblance est intellectuelle, et aussi physique. Plus d'une fois j'ai trouvé le chemin d'une réunion scientifique dans une ville inconnue

en suivant dans la rue quelqu'un qui avait l'air d'être un collègue (inconnu bien sûr). Je ne suis pas le seul à avoir fait ce genre d'observation.

2. Voir les chapitres 22 et 23. Voici une idée du théorème d'incomplétude de Gödel. Dans le cadre des assertions de base généralement acceptées sur les nombres entiers 1, 2, 3, ..., Gödel montre qu'il y a des assertions dont on ne peut prouver ni qu'elles sont vraies ni qu'elles sont fausses : elles sont indécidables. Si l'on augmente le nombre des assertions de base, il restera néanmoins toujours des assertions indécidables.

Nous avons dit que la longueur des preuves rend les mathématiques intéressantes. (Même les preuves les plus courtes de certains théorèmes sont longues.) Bien entendu, les mathématiciens cherchent des démonstrations brèves et élégantes. Une astuce qui permet une démonstration très brève d'un résultat que l'on croyait difficile donnera lieu à un mélange de satisfaction et de déception (parce que le résultat se réduit finalement à une trivialité).

3. Voir H. Poincaré, « L'invention mathématique », chapitre 3 de *Science et méthode*, Ernest Flammarion, Paris, 1908. Voir aussi J. Hadamard, *The psychology of invention in the mathematical field*, Princeton University Press, Princeton NJ, 1945.

Poincaré donne l'exemple d'un problème auquel il avait cessé de penser consciemment, et dont la solution lui est ensuite apparue soudainement et de manière parfaitement claire. Il est certain qu'un travail inconscient s'était effectué. Ce travail impliquerait plutôt ce que Freud appelle le *préconscient* que l'inconscient profond, mais coller une étiquette, telle que préconscient, n'explique pas vraiment ce qui se passe. Le rôle de l'inconscient (ou du préconscient) est familier, je pense, à beaucoup de ceux qui font de la recherche scientifique. Mais il nous manque une réelle compréhension des processus de découverte, inconscients ou conscients.

4. Voici un extrait du *Saggiatore* de Galilée (1623) : « La philosophie est écrite dans ce très grand livre qui est continuellement ouvert devant nos yeux (je veux dire l'univers), mais il ne peut être compris à moins que d'abord on en apprenne le langage, et que l'on connaisse les caractères dans lesquels il est écrit. Il est écrit en langage mathématique, et les caractères sont des triangles, cercles, et autres figures géométriques, ... »

5. Les mathématiques d'une théorie physique peuvent aller bien au-delà des quantités opérationnellement définies, et introduire des objets qui ne sont pas directement observables, même en principe. L'introduction d'objets inobservables est évidemment une chose assez délicate, et l'on peut être tenté de la refuser pour des raisons philosophiques. Mais un tel apriorisme philosophique se trouve être, au moins dans certains cas, une mauvaise idée. Ainsi, à la fin des années cinquante, le physicien Geoffrey Chew a proposé que les physiciens des particules concentrent leur attention sur un objet mathématique appelé matrice S, objet très proche des quantités mesurées expérimentalement. Il fallait par contre oublier les champs quantiques inobservables. L'idée de Chew pouvait paraître très

raisonnable, mais les faits lui ont donné tort : les champs quantiques ont été et restent des outils indispensables pour l'étude de la physique des particules.

## 3. Probabilités

1. Les fondements mathématiques du calcul des probabilités ont été rendus respectables par Kolmogorov (le même dont nous avons discuté la théorie sur la psychologie des mathématiciens au chapitre 2, et aussi l'auteur d'une théorie de la turbulence que nous mentionnerons plus loin). La référence classique est A.N. Kolmogorov, *Grundbegriffe der Wahrscheinlichkeitsrechnung*, Erg. Math., Springer, Berlin, 1933.

2. Nous insistons pour donner une définition physique de l'indépendance. Évidemment, dire que deux événements sont indépendants s'ils n'ont « rien à voir » l'un avec l'autre n'est pas vraiment une définition opérationnelle. Il vaudrait mieux dire que c'est un principe métaphysique général qui suggère des définitions opérationnelles dans des cas particuliers. (Par exemple, si l'on a bien secoué les dés entre deux jets successifs, on peut considérer qu'ils sont indépendants.) La validité des définitions opérationnelles d'indépendance que l'on formule peut être testée en vérifiant leurs conséquences.

Mais pourquoi ne pas utiliser la définition mathématique de l'indépendance (c'est-à-dire, essentiellement, l'assertion (3)), et la vérifier par des tests statistiques ? C'est une manière en principe très satisfaisante de présenter les choses, et c'est celle qui est utilisée dans les manuels, mais *pas* en pratique. En fait, les tests statistiques sont lourds et souvent peu convaincants. Ainsi donc, en pratique, on commence par deviner que deux événements sont indépendants parce qu'ils n'ont rien à voir l'un avec l'autre. Ensuite on essaye de voir s'il n'y a pas de mécanismes qui pourraient détruire cette indépendance. Et seulement en dernier ressort on fera usage de tests statistiques.

## 4. Loteries et horoscopes

1. En fait, acheter un billet de loterie de temps en temps peut n'être pas déraisonnable si l'on en tire un plaisir adéquat. Les traités d'économie discutent la logique de la chose (et aussi pourquoi il est bon de souscrire certains contrats d'assurance, même si les compagnies font des profits indécents). Ce que nous avons vu, c'est qu'on ne doit pas espérer s'enrichir en achetant de nombreux billets de loterie.

2. Si l'on fait un grand nombre N d'expériences indépendantes, soit N(A) le nombre de celles où l'événement « A se réalise, et N(A et B) le nombre de celles où « A » et « B » se réalisent, la probabilité de « B » sachant que « A » est réalisé doit être approximativement

$$\frac{N(A\ \text{et}\ B)}{N(A)}$$

ou encore

$$\frac{N(A\ \text{et}\ B)}{N} : \frac{N(A)}{N}$$

c'est-à-dire approximativement

$$\text{proba (« A et B »)} : \text{proba (« A »)}$$

Il est donc raisonnable de poser *la définition*

$$\text{proba (« B », sachant que « A » est réalisé)} = \frac{\text{proba(« A et B »)}}{\text{proba (« A »)}}$$

(c'est ce que l'on appelle une *probabilité conditionnelle*). Si « A » et « B » sont indépendants, (3) implique que le membre de droite est

$$\frac{\text{proba (« A »)} \times \text{proba (« B »)}}{\text{proba (« A »)}} = \text{proba (« B »)}$$

ce qui démontre (4).

3. La présente note discute, de manière brève et modérément technique le problème suivant : comment se peut-il que le temps qu'il fera cet après-midi d'une part, dépende de manière sensitive de la position de Vénus il y a quelques semaines, et d'autre part, soit statistiquement indépendant de cette position ? Désignons par x un état initial du système que nous considérons, c'est-à-dire l'univers, ou plus exactement une idéalisation de l'univers, décrivant entre autres choses la position de Vénus et le temps qu'il fait chez vous. Si l'état initial x correspond à la situation il y a quelques semaines, la situation cet après-midi sera décrite par un état $f^t x$. On a noté ici $f^t$ *l'opérateur d'évolution temporelle* ; c'est une transformation de l'espace des états de notre système, correspondant à l'évolution depuis il y a quelques semaines jusqu'à cet après-midi. Nous avons un ensemble A d'états initiaux possibles. En effet on ne peut connaître les conditions initiales de notre système avec une absolue précision, et l'on admettra ici que l'on ne peut distinguer entre les divers états initiaux dans A. (Pour simplifier les choses, on peut supposer que c'est seulement la position initiale de Vénus qui n'est pas connue avec une complète précision.) Les différentes possibilités pour le temps qu'il fera cet après-midi sont décrites par tous les points dans l'ensemble $f^t A$. A cause du phénomène de dépendance sensitive des conditions initiales, que nous discuterons dans des chapitres ultérieurs, l'ensemble $f^t A$ ne reste pas petit (contrairement à A) et couvre en fait toutes sortes de possibilités différentes pour le temps qu'il fera cet après-midi. Soit maintenant B l'ensemble des états décrivant de la pluie cet après-midi. Une partie de $f^t A$ est dans B et une partie en dehors, et l'effet de Vénus il y a quelques semaines nous empêche donc de dire si vous aurez ou non de la pluie cet après-midi. Les états de

l'univers ayant de la pluie chez vous cet après-midi, et compatibles avec ce que nous savons de la situation il y a quelques semaines sont les points de l'intersection $(f^tA) \cap B$. Que peut-on dire de cette intersection ?

Pour progresser dans notre discussion, nous allons faire usage de ce que, pour beaucoup d'évolutions temporelles, il existe une *mesure de probabilité* naturelle m qui ne change pas sous l'effet de l'évolution temporelle, et qui décrit la probabilité de divers événements. Par exemple $m(f^tAf) = m(A)$ est la probabilité de l'événement « A » associé à notre condition initiale. Par ailleurs, $m((f^tA) \cap B)$ est la probabilité de l'événement « A » il y a quelques semaines et « B » cet après-midi. Il se trouve que, dans beaucoup de cas, pour t grand on a

$$m((f^tA) \cap B) \approx m(A) \times m(B).$$

Cette propriété, dite de *mélange*, veut dire que l'ensemble $f^tA$ est tellement étiré, replié sur lui-même, et pour tout dire chiffonné, que la fraction de cet ensemble qui appartient à B est proportionnelle à la taille de B (mesurée par m(B)).

Si nous interprétons la propriété de mélange ci-dessus en termes de probabilités, nous voyons qu'elle donne précisément le même résultat que de supposer que la pluie cet après-midi et la position de Vénus il y a quelques semaines sont (statistiquement) indépendantes. (Le fait que peut-être $m(A) = 0$ est un problème technique dont on peut se débarrasser par un passage à la limite.)

L'explication de l'indépendance statistique que je viens d'esquisser n'est pas une véritable démonstration, et ne satisfera donc pas un mathématicien. On est loin, malheureusement, de pouvoir fournir une démonstration mathématique de la propriété de mélange : le problème est trop difficile. Qu'en pensent les physiciens ? Ils n'exigeront pas, quant à eux, de démonstrations rigoureuses, mais réclameront d'autres choses. Ils demanderont pourquoi il y a dépendance sensitive des conditions initiales dans notre problème. Au lieu de parler de « quelques semaines », ils voudront une estimation plus précise (nous reparlerons de cela dans des chapitres ultérieurs). Ils voudront aussi que l'on dise exactement ce que l'on entend par la position de Vénus (si l'on est pas prudent dans cette définition, la position de Vénus risque d'être corrélée avec la saison, d'où une corrélation avec les pluies saisonnières). Par ailleurs, plutôt que d'essayer de démontrer la propriété mathématique de mélange, ils essaieront de voir comment l'indépendance statistique entre la pluie et la position de Vénus pourrait se trouver infirmée. Par exemple, on pourrait imaginer qu'un agent intelligent, suivant ses observations de Vénus, s'amuse à modifier le temps qu'il fait. Mais pour des raisons technologiques, cela paraît difficile. Enfin, si l'intérêt du problème semblait le justifier, les physiciens pourraient s'embarquer dans une série d'observations et de tests statistiques sur l'indépendance de la position de Vénus et du temps qu'il fait chez vous.

Notre discussion laisse au moins une question ouverte : qu'entend-on par un *agent intelligent ?* Tout ce que l'on peut dire à ce point, c'est qu'un agent intelligent introduit des corrélations que l'on n'attendrait pas sinon. Si vous y réfléchissez, vous admettrez sans doute que ce n'est pas une mauvaise caractérisation de l'intelligence.

## 5. Le déterminisme classique

1. *L'équation de Newton*

Considérons N points matériels de masses $m_1,...,m_N$ (nombres positifs) et de positions $x_1,...,x_N$ (vecteurs à 3 dimensions). L'équation de Newton s'écrit alors

$$m_i \frac{d^2}{dt^2} x_i = F_i \text{ pour } i = 1,...,N$$

où le vecteur $F_i$ est la force sur la i-ième particule. Nous parlons de l'équation de Newton, au singulier, bien qu'il y ait en fait 3N équations (chaque $x_i$ a 3 coordonnées). La *force gravitationnelle* est donnée par

$$F_i = \gamma \sum_{j \neq i} m_i m_j \frac{x_j - x_i}{|x_j - x_i|^3}$$

où $\gamma$ est la *constante de gravitation.* C'est la force utilisée par exemple dans l'étude du mouvement des planètes autour du soleil. Si les positions $x_i$ et les vitesses $dx_i/dt$ sont connues à un certain instant initial, on peut en principe les déterminer à tout autre instant à partir de l'équation de Newton. Je dis *en principe* parce que l'existence et l'unicité des solutions de l'équation de Newton ne sont pas garanties pour toutes les conditions initiales. En outre, quand N vaut 3 ou plus, les solutions ne peuvent être obtenues sous forme analytique explicite, et leur étude devient très délicate.

2. P.S. Laplace, *Essai philosophique sur les probabilités*, Courcier, Paris, 1814.

3. R. Thom, « Halte au hasard, silence au bruit (mort aux parasites) », Edgar Morin, *Au-delà du déterminisme : le dialogue de l'ordre et du désordre;* Ilya Prigogine, *Loi, histoire... et désertion.* Ces articles ont paru d'abord dans *Le Débat* en 1980 (n° 3 et n° 6), et Thom a omis le « mort aux parasites » dans la version imprimée. Ces contributions et quelques autres sont maintenant accessibles dans l'ouvrage collectif *la Querelle du déterminisme. Philosophie de la science d'aujourd'hui*, Gallimard, Paris, 1990.

4. E. Schrödinger, *Indeterminism and free will*, Nature, July 4, 1936, pp. 13-14. Cet article est reproduit dans E. Schrödinger, *Gesammelte Abhandlungen*, Vieweg, Vienna, 1984, vol. 4, pp. 364-365.

## 6. Jeux

1. La probabilité que 3 chiffres successifs aient des valeurs données i, j, k est

$$\frac{1}{10} \times \frac{1}{10} \times \frac{1}{10} = \frac{1}{1000}$$

car il s'agit de 3 événements indépendants avec probabilités 1/10 et l'on peut appliquer la règle (3) du chapitre 3. Les possibilités suivantes pour que $i + j + k = 2$ existent : $(i,j,k) = (0,1,1)$ ou $(1,0,1)$ ou $(1,1,0)$ ou $(2,0,0)$ ou $(0,2,0)$ ou $(0,0,2)$ et ces 6 possibilités sont incompatibles. Donc la probabilité que $i + j + k = 2$ est donnée par la règle (2) du chapitre 3, c'est $6 \times 1/1000 = 6/1000$.

2. *Le théorème du minimax*

Nous allons discuter une classe particulière de jeux qui sont les *jeux finis binaires de somme nulle*. Un jeu est binaire s'il y a deux joueurs A et B. Le jeu consiste en un choix de A entre M options (notées 1,...,M) et un choix indépendant de B entre N options (notées 1,...,N). Le fait qu'on a un jeu fini veut dire que M et N sont finis. Le choix de i par le joueur A et de j par le joueur B donne lieu à un payement $K_{ij}$ au joueur A et $-K_{ij}$ au joueur B. Le fait qu'on a un jeu de somme nulle veut dire que la quantité $|K_{ij}|$ gagnée par un joueur est perdue par l'autre. Supposons maintenant que les joueurs A et B choisissent leurs options respectivement avec les probabilités $p_1,...,p_M$ et $q_1,...,q_N$. Le gain moyen du joueur A est alors

$$\sum_{i=1}^{M} \sum_{j=1}^{N} K_{ij}\, p_i q_j$$

tandis que le gain moyen du joueur B est moins cette quantité. Le joueur A va choisir les $p_i$ de manière à rendre son gain moyen aussi grand que possible pour le choix le plus défavorable des $q_j$ par le joueur B. Cela donne

$$\min_{(q_1,...,q_N)} \max_{(p_1,...,p_M)} \sum_i \sum_j K_{ij}\, p_i q_j \tag{1}$$

La quantité correspondante pour le joueur B est

$$\min_{(p_1,...,p_M)} \max_{(q_1,...,q_N)} \sum_i \sum_j (-K_{ij})\, p_i q_j =$$

$$- \max_{(p_1,...,p_M)} \min_{(q_1,...,q_N)} \sum_i \sum_j K_{ij}\, p_i q_j \tag{2}$$

Le théorème du minimax dit que (2) est égal à moins (1), c'est-à-dire que

$$\min \max \sum_i \sum_j K_{ij} p_i q_j = \max \min \sum_i \sum_j K_{ij} p_i q_j \qquad (3)$$

Dans ces formules le min et le max sont pris en supposant toujours $p_1,..., p_M, q_1,...,q_N \geq 0$ et $\Sigma p_i = \Sigma q_j = 1$.

Remarquons que si les joueurs A et B, au lieu de faire appel à des stratégies probabilistes, se contentaient de stratégies *pures*, il n'y aurait pas de théorèmes du minimax puisque, en général

$$\min_j \max_i K_{ij} \neq \max_i \min_j K_{ij}$$

Dans ces conditions, ce qui se passe c'est qu'un des joueurs trouve à son avantage d'adopter une stratégie probabiliste.

Le théorème du minimax est dû à Johann von Neumann [J. v. Neumann and O. Morgenstern, *Theory of games and economic behavior*, Princeton University Press, Princeton, NJ, 1944].

Comment obtient-on la valeur K du minimax (3) et les $p_i$, $q_j$ qui définissent les stratégies optimales pour les joueurs A et B ? Ces quantités sont déterminées par les conditions *linéaires* suivantes :

$$p_i \geq 0, \sum_j K_{ij} q_j \leq K \quad \text{pour} \quad i = 1,...,M$$

$$q_j \geq 0, \sum_i K_{ij} q_i \geq K \quad \text{pour} \quad j = 1,...,N$$

$$\sum_i p_i = \sum_j q_j = 1$$

Trouver une solution d'un tel système d'équations et d'inéquations linéaires est un problème de *programmation linéaire*.

Dans le cas particulier du tableau des gains explicité dans le texte, on trouve

$$P_1 = 0,\ p_2 = 0{,}45,\ p_3 = 0{,}55,\ q_1 = 0{,}6,\ q_2 = 0{,}4,\ q_3 = q_4 = 0,\ K = 3{,}4$$

**7. Dépendance sensitive des conditions initiales**

1. La vitesse de croissance (= dérivée temporelle) de la distance entre la boule réelle et la boule imaginaire est proportionnelle (en première approximation) à l'angle entre les trajectoires. Donc la distance entre les deux boules est estimée par l'intégrale d'une exponentielle qui est encore (à une constante additive près) une exponentielle :

$$\int_0^t A e^{\alpha s} ds = \frac{A}{\alpha}(e^{\alpha t}-1)$$

Évidemment, l'hypothèse d'une collision par seconde n'est qu'approchée et, même si on l'accepte, la croissance de l'angle n'est pas exactement exponentielle. Mais la limitation essentielle de l'argument est qu'il ne s'applique que pour de petites distances entre les boules.

2. Ya. G. Sinai, *Systèmes dynamiques avec réflexions élastiques*, Uspekhi Mat. Nauk *25*, n° 2, 137-191 (1970). Cette première publication (en russe, et très technique) a été suivie par beaucoup d'autres par divers auteurs.

**8. Hadamard, Duhem et Poincaré**

1. J. Hadamard, *les Surfaces à courbures opposées et leurs lignes géodésiques*, J. Math. pures et appl. *4*, 27-73 (1898). Cet article est reproduit dans les *Œuvres de Jacques Hadamard*, CNRS, Paris, 1968 (vol. 2, pp. 729-775). Dans cet article se trouve déjà explicitement la remarque que, s'il y a une quelconque erreur sur la condition initiale, alors le comportement à long terme du système ne peut être prédit.

2. Le plus facile est d'étudier le cas des surfaces compactes à courbure *constante* négative. (De telles surfaces ont seulement, sur celle d'Hadamard, le désavantage de ne pouvoir être réalisées dans l'espace euclidien à 3 dimensions.) Vous vous rappelez sans doute le postulat d'Euclide disant que, par un point pris hors d'une droite, il passe une et une seule parallèle à cette droite. Et vous vous rappelez aussi que l'on peut construire des *géométries non euclidiennes* pour lesquelles le postulat d'Euclide est faux. En particulier, dans le plan de Lobatchevski il y a de nombreuses parallèles à une droite donnée qui passent par un point situé hors de cette droite. Ainsi donc, dans le plan de Lobatchevski, deux points qui se meuvent sur des droites parallèles s'éloignent en général l'un de l'autre ! Le billard à courbure constante négative est obtenu en coupant un morceau du plan de Lobatchevski et en recollant les bords de manière à obtenir une surface fermée lisse (il faut évidemment démontrer que c'est possible). Sur le billard ainsi obtenu, on imagine sans trop de peine que le mouvement rectiligne et uniforme présente le phénomène de dépendance sensitive des conditions initiales.

3. P. Duhem, *Exemple de déduction mathématique à tout jamais inutilisable*, dans *la Théorie physique. Son objet et sa structure*, Chevalier et Rivière, Paris, 1906. Cette référence m'a été indiquée par René Thom.

4. H. Poincaré, « le Hasard », chapitre 4 de *Science et méthode* (voir note 3, chapitre 2).

5. Même en l'absence de dépendance sensitive des conditions initiales, de petites causes peuvent avoir de grands effets. Il suffit pour cela, comme l'observe Poincaré, d'attendre très longtemps.

Un autre cas intéressant est celui de systèmes avec plusieurs états d'équilibre. Il peut être très difficile de prévoir, pour une condition initiale donnée, vers quel état d'équilibre elle évoluera. C'est la situation qui se présente quand les *bassins d'attraction* des divers états d'équilibre ont des frontières communes qui forment de nombreux plis compliqués. Cela se présente fréquemment, par exemple dans le cas du *pendule magnétique*. Il s'agit d'un petit aimant suspendu par une tige rigide au-dessus de plusieurs autres aimants. Si l'on met en branle un tel pendule, il se met à osciller de manière compliquée, et il est difficile de deviner dans quelle position d'équilibre il finira par s'arrêter (il y a en général plusieurs positions d'équilibre). Pour des figures représentant des domaines d'attraction aux frontières compliquées, voir par exemple S. McDonald, C. Grebogi, E. Ott and J. Yorke, *Fractal basin boundaries*, Physica 17 D, 125-153 (1985).

Ce que nous appelons le hasard peut aussi résulter, comme l'observe Poincaré, de notre manque de contrôle musculaire. Et il donne l'exemple du jeu de roulette. Le jeu de pile ou face est analogue, et certaines personnes bien entraînées sont capables d'obtenir régulièrement à ce jeu un résultat décidé à l'avance.

### 9. Turbulence : modes

1. Je dois l'histoire du petit docteur Gravitique à George Uhlenbeck, et d'autres faits concernant Th. De Donder à Marcel Demeur.

2. On pourrait, en interviewant des scientifiques, recueillir de nombreuses données sur la fascination qui sous-tend leur travail de recherche. L'interprétation de ces données serait délicate mais permettrait peut-être une meilleure compréhension psychologique du processus de découverte scientifique. Les savants atteints de folie ou de sénilité seraient particulièrement intéressants à étudier, à cause de la plus grande transparence de leurs motivations. (Beaucoup de gens malheureusement perdent assez tôt leur intérêt pour la science, et restent à part cela désespérément normaux. J'ai connu cependant au moins un exemple inverse extraordinaire, celui d'un grand physicien dont le jugement était dans l'ensemble assez diminué, mais qui redevenait un grand homme aux idées profondes lorsqu'il parlait de science.)

3. J. Leray, *Sur le mouvement d'un fluide visqueux emplissant l'espace*, Acta Math. *63*, 193-248 (1934).

4. H. Poincaré, *Théorie des tourbillons*, Carré et Naud, Paris, 1892.

5. P. Cvitanović, *Universality in chaos*, Adam Hilger, Bristol, 1984 ; Hao Bai-Lin, *Chaos*, World Scientific, Singapore, 1984, ou *Chaos* II, 1990. Pour une présentation « grand public » voir J. Gleick, *la Théorie du chaos*, Albin Michel, Paris, 1989 ; l'auteur a été journaliste au New York Times et son livre se lit facilement, mais on ne peut pas toujours s'y fier pour l'exactitude historique ou les affirmations de priorité scientifique. Il faut encore mentionner trois livres excellents : I. Steward, *Does God play dice ?*, Penguin, London, 1990 ; I. Ekeland, *le Calcul, l'imprévu*, Seuil, Paris, 1984 et *au Hasard*, Seuil, Paris, 1991.

6. Les publications originales sont : L.D. Landau, *Sur le problème de la turbulence* (en russe), Dokl. Akad. Nauk SSSR *44*, 8, 339-342 (1944) ; E. Hopf, *A mathematical example displaying the features of turbulence*,

Commun. pure appl. Math. *1*, 303-322 (1948). Les idées de Landau sont accessibles en anglais au § 27 de L.D. Landau and E.M. Lifshitz, *Fluid mechanics*, Pergamon Press, Oxford, 1959. L'édition française récente [L. Landau et E. Lifshitz, *Mécanique des fluides*, Mir, Moscou, 1990] discute les attracteurs étranges et rend compte des idées nouvelles sur la turbulence.

7. T.S. Kuhn, *The structure of scientific revolutions*, 2nd ed., University of Chicago Press, Chicago, 1970. [Traduction française : T.S. Kuhn, *la Structure des révolutions scientifiques*, Flammarion, Paris, 1983.] Je ne suis pas un inconditionnel des idées de Kuhn. En particulier, son analyse me semble peu applicable à la situation des mathématiques pures. Cependant, la notion de paradigme s'applique bien aux concepts physiques de *modes* et de *chaos*.

8. S. Smale, *Differentiable dynamical systems*, Bull. Amer. Math. Soc. *73*, 747-817 (1967).

**10. Turbulence : attracteurs étranges**

1. Si nous utilisons la notation de la note 3, chapitre 4, la condition initiale x donne au bout du temps t un point $f^t x$. Si x est remplacé par $x + \delta x$, alors $f^t x$ est remplacé par $f^t x + \delta f^t x$. On dit qu'il y a dépendance sensitive des conditions initiales quand $\delta f^t x = (\partial f^t x / \partial x) \delta x$ croît exponentiellement avec t. Plus précisément, nous avons dépendance sensitive des conditions initiales quand la norme de la matrice $\partial f^t x / \partial x$ des dérivées partielles croît exponentiellement avec t. Considérons maintenant un mouvement décrit par k angles dont les valeurs initiales sont $\theta_1, \ldots, \theta_k$, et qui deviennent au bout du temps t : $\theta_1 + \omega_1 t, \ldots, \theta_k + \omega_k t$ (mod $2\pi$). Si nous écrivons

$$f^t(\theta_1, \ldots, \theta_k) = (\theta_1 + \omega_1 t, \ldots, \theta_k + \omega_k t) \qquad (1)$$

nous obtenons

$$\delta f^t(\theta_1, \ldots, \theta_k) = (\delta\theta_1, \ldots, \delta\theta_k) \qquad (2)$$

Le membre de droite de (2) est indépendant de t, et nous n'avons donc pas dépendance sensitive des conditions initiales. Les évolutions temporelles qui peuvent être mises sous la forme (1) par un changement de variables sont appelées *quasi-périodiques* et n'ont pas de dépendance sensitive des conditions initiales. Le changement de variables dont nous venons de parler est une paramétrisation par k angles, et correspond à la superposition de k *modes*. Un ensemble qui peut être paramétrisé par k angles est un k-*tore* ou tore k-dimensionnel (c'est-à-dire, un produit de k cercles).

2. E.N. Lorenz, *Deterministic nonperiodic flow*, J. Atmos. Sci. *20*, 130-141 (1963).

3. D. Ruelle and F. Takens, *On the nature of turbulence*, Commun. math. Phys. *20*, 167-192 (1971) ; *23*, 343-344 (1971).

4. B. Mandelbrot, *les Objets fractals*, Flammarion, Paris, 1975 ; version anglaise : *The fractal geometry of nature*, Freeman, San Francisco, 1977. Mandelbrot a attiré avec insistance l'attention du monde scientifique sur l'ubiquité des formes fractales parmi les objets naturels. Cette remarque s'est révélée importante et fructueuse. Ce qui manque encore en général est la compréhension des processus qui donnent lieu aux structures fractales.

**11. Le chaos : un nouveau paradigme**

1. J.B. McLaughlin and P.C. Martin, *Transition to turbulence of a statically stressed fluid*, Phys. Rev. Lett. *33*, 1189-1192 (1974) ; J.P. Gollub and H.L. Swinney, *Onset of turbulence in a rotating fluid*, Phys. Rev. Lett. *35*, 927-930 (1975).

2. T. Li and J.A. Yorke, *Period three implies chaos*, Amer. Math. Monthly, *82*, 985-992 (1975). Cet article joliment écrit montre que, pour une classe étendue d'applications d'un intervalle de droite dans lui-même, l'existence d'un point périodique de période 3 implique l'existence de points périodiques de toutes les autres périodes. C'est cette situation compliquée que l'article appelle *chaos*. Ce nom a eu un succès extraordinaire, mais couvre maintenant une situation différente de celle envisagée par Li et Yorke. (Une évolution temporelle avec de nombreuses orbites périodiques n'a pas toujours de dépendance sensitive des conditions initiales, ce qui est la définition actuelle du chaos. En fait, les nombreuses orbites périodiques peuvent ne pas être sur un attracteur, et n'avoir ainsi aucun rapport avec le comportement de régime du système.) Après un certain temps, on s'est rendu compte que le résultat de Li et Yorke était un cas particulier d'un théorème plus ancien de Šarkovskii. Considérons une *application unimodale* $f : [-1,1] \mapsto [-1,1]$, c'est-à-dire une application continue avec $f(-1) = f(1) = -1$, f croissante sur [1,0], décroissante sur [0,1]. Introduisons maintenant l'ordre inhabituel suivant sur les entiers :

$$3 \succ 5 \succ 7 \succ \ldots \succ 2.3 \succ 2.5 \succ 2.7 \succ \ldots$$
$$2^n.3 \succ 2^n.5 \succ 2^n.7 \succ \ldots$$
$$2^n \succ \ldots 4 \succ 2 \succ 1$$

(d'abord les nombres impairs, puis les nombres impairs multipliés par 2, 4, 8, ... et finalement les puissances de 2 en ordre décroissant). Le remarquable théorème de Šarkovskii affirme que si $p \succ q$ et si f a un point périodique d'ordre p (donc $f^p x = x$ et $f^m x \neq x$ pour $m < p$), alors f a un point périodique d'ordre q. On retrouve en particulier pour $p = 3$ le résultat de Li et Yorke. Voici la référence originale : A.N. Šarkovskii, *Coexistence de cycles d'une application continue de la droite dans elle-même*, Ukr. Mat. Z. *16*, 61-71 (1964). Ce théorème montre, entre autres choses, que l'on aurait tort de mépriser le contenu des revues mathématiques ukrainiennes.

3. M.J. Feigenbaum, *Quantitative universality for a class of nonlinear transformations*, J. Statist. Phys. *21*, 669-706 (1979). L'idée d'une étude mathématique utilisant l'ordinateur (mais rigoureuse) des résultats de Feigenbaum est décrite dans O.E. Lanford, *A computer-assisted proof of the Feigenbaum conjectures*, Bull. Amer. Math. Soc. *6*, 427-434 (1982). L'importante extension d'une à plusieurs dimensions est analysée dans P. Collet, J.-P. Eckmann, and H. Koch, *Period doubling bifurcations for families of maps on* $R^n$, J. Statist. Phys. *25*, 1-14 (1981). Ceci permet de traiter les systèmes à temps continu qui apparaissent dans les applications physiques. Incidemment, le mot *universalité* dans le titre de l'article de Feigenbaum fait référence à un aspect technique du Groupe de Renormalisation. Il ne signifie pas que le chaos puisse seulement être atteint par une cascade de doublements de période (ces cascades ne sont pas, en fait, très fréquentes). Il y a beaucoup de manières différentes d'accéder au chaos. Certaines, particulièrement importantes, sont passées en revue dans J.-P. Eckmann, *Roads to turbulence in dissipative dynamical systems*, Rev. Mod. Phys. *53*, 643-654 (1981). Les cascades de doublement de période ont été observées dans de nombreuses expériences, en particulier par Albert Libchaber dans des études de convection, voir A. Libchaber, C. Laroche and S. Fauve, *Period doubling cascade in mercury, a quantitative measurement*, J. de Physique-Lettres, 43 L, 211-216 (1982).

4. K. Pye and B. Chance, *Sustained sinusoidal oscillations of reduced pyridine nucleotide in a cell-free extract of Saccharomyces carlsbergensis*, Proc. Nat. Acad. Sci. US *55*, 888-894 (1966).

5. D. Ruelle, *Some comments on chemical oscillations*, Trans. NY Acad. Sc. Ser II, *35*, 66-71 (1973).

Ajoutons ici quelques mots au sujet des articles refusés par les revues scientifiques. Pour beaucoup de carrières plus ou moins scientifiques, la publication d'articles dans des revues scientifiques est une nécessité administrative. Autrement dit, les nominations et promotions sont décidées sur la base du nombre d'articles publiés. Cette situation force beaucoup d'individus qui n'ont ni intérêt ni capacité à faire de la recherche scientifique à écrire des articles et à les soumettre à des revues. Les referees, qui sont des chercheurs professionnels, sont inondés d'articles médiocres, sur lesquels ils doivent rédiger des rapports. Comme ils ont des choses plus intéressantes à faire, les rapports sont souvent hâtifs et superficiels. On accepte les articles qui ont l'air raisonnables, on rejette ceux qui paraissent vraiment mauvais, et les bons articles qui sont un peu originaux et hors de la norme sont souvent refusés eux aussi. Le problème est bien connu, mais il n'y a pas de solution en vue. Heureusement, il y a beaucoup de revues scientifiques, et un article réellement bon finira généralement par être publié quelque part.

6. J.-C. Roux, A. Rossi, S. Bachelart and C. Vidal, *Representation of a*

*strange attractor from an experimental study of chemical turbulence*, Phys. Letters *77* A., 391-393 (1980).

7. D. Ruelle, *Large volume limit of the distribution of characteristic exponents in turbulence*, Commun. Math. Phys. *87*, 287-302 (1982).

Le problème de la tricherie dans la recherche scientifique est délicat. L'opinion admise traditionnellement est que le niveau éthique de la recherche scientifique est très élevé, et que la tricherie est exceptionnelle. Cette vue traditionnelle est maintenant battue en brèche, et la tricherie est ouvertement discutée comme un facteur important de la qualité de la science. Je voudrais présenter brièvement les deux principaux domaines de la tricherie scientifique : le *vol de priorité*, et la *falsification de données*.

La question de priorité est « qui a été le premier à faire la découverte ? ». Un bel exemple de querelle de priorité est celle qui a opposé Newton et Leibniz sur l'invention du calcul différentiel. Si vous êtes un savant consciencieux, vous indiquerez la source de toutes les idées que vous utilisez (en supposant que vous vous en souveniez). Si vous êtes sans scrupule, vous présenterez comme étant les vôtres des résultats dûs à d'autres chercheurs. Supposons par exemple que vous trouviez une bonne idée dans un article dont vous êtes referee, alors vous essayerez d'arrêter cet article, et vous vous dépêcherez de publier l'idée sous votre propre nom (ou vous la ferez publier par un de vos élèves).

La falsification de données est bien pire. Il s'est malheureusement avéré que des fraudes de cette espèce n'étaient pas rares dans la recherche biomédicale aux États-Unis (jusqu'à l'invention d'« observations cliniques » de patients inexistants). Une raison de ces fraudes est que pas mal de gens écrivent des articles scientifiques uniquement pour des raisons d'avancement professionnel, et que la vérité scientifique les intéresse fort peu. Et puis il y a la pression toujours présente qui force à fournir des résultats si l'on veut recevoir des crédits.

J'ai travaillé moi-même dans certains domaines où je pouvais librement discuter de mes idées avec les collègues, et dans d'autres domaines où il valait mieux se taire pour éviter le vol d'idées. La première situation est non seulement plus agréable, mais *elle est aussi plus favorable au progrès scientifique.*

Les mathématiques sont relativement peu affectées par la tricherie, parce que c'est un vaste domaine et que relativement peu de gens travaillent sur un problème donné. Il n'y a pas de falsification de données, et le vol des idées est difficile parce que les idées sont complexes. Il y a cependant des querelles de priorité (que l'on songe à Newton et Leibniz), il y a des personnages douteux, et il n'y a aucune garantie que la situation relativement satisfaisante dans laquelle nous nous trouvons durera indéfiniment.

**12. Le chaos : conséquences**

1. M. Berry, *Regular and irregular motion*, pp. 16-120 dans S. Jorna, *Topics in nonlinear dynamics. A tribute to Sir Edward Bullard*, American Institute of Physics, New York, 1978. Les calculs de M. Berry (pp. 95-96) sont basés sur des idées plus anciennes de E. Borel et B.V. Chirikov. Quel est l'effet gravitationnel d'une masse éloignée sur la collision de deux billes élastiques ? Si les deux billes sont initialement à des distances différentes de la masse, elles seront attirées différemment par celui-ci, et la géométrie de la collision sera donc légèrement différente suivant que la masse est présente ou non. Si l'on suit une bille donnée, on voit que la différence sera amplifiée exponentiellement dans les collisions subséquentes. (L'amplification n'est pas par un facteur 2 comme dans notre discussion simplifiée du chapitre 7, mais par quelque chose comme $\ell/r$ où $\ell$ est la distance parcourue par une particule et r son rayon.) Après n collisions, l'angle entre la trajectoire originale et la trajectoire modifiée devient de l'ordre de 1 radian, et les deux trajectoires n'ont plus rien à voir l'une avec l'autre.

Si la masse éloignée est un électron à $10^{10}$ années-lumière, et si les billes élastiques sont des molécules d'oxygène (à pression et température normales), alors n = 56. Si la masse éloignée est un être humain à un mètre d'un billard, et si les billes élastiques sont des boules de billard, alors n = 9. C'est tout au moins ce que donne la mécanique classique. La mécanique quantique ne permet même pas un tir bien ajusté d'une molécule d'oxygène sur une autre (n = 0). Pour les boules de billard, les effets quantiques permettent n = 15. (Il aurait donc été raisonnable de faire appel à la mécanique quantique plutôt qu'à la mécanique classique pour notre discussion, mais cela n'a en fait aucune espèce d'importance pour la suite.)

2. Le calcul de M. Berry auquel j'ai fait référence dans la note 1 montre qu'un infime changement de condition initiale va modifier complètement la structure des collisions entre molécules d'air au bout d'un temps très court. La structure microscopique de l'air, et les fluctuations qui y ont lieu sont donc devenues complètement différentes. Ces fluctuations statistiques concernent la densité, la vitesse, etc., pour de petits éléments de volume d'air (où le nombre de molécules n'est pas très grand). On peut estimer le temps qu'il faut pour que les fluctuations statistiques dont nous venons de parler soient amplifiées par la dépendance sensitive des conditions initiales dans un fluide turbulent jusqu'à atteindre le niveau macroscopique (disons l'échelle de 1 cm). Le calcul utilise la théorie de Kolmogorov de la turbulence. Cette théorie (pour des raisons dimensionnelles) fournit une valeur bien définie (à un facteur près) pour la vitesse de croissance des perturbations. (En fait, le temps caractéristique de crois-

sance est proportionnel au « temps de retournement » des tourbillons *(eddies)* de la taille macroscopique choisie.) Il faut à peu près une minute pour passer des fluctuations microscopiques à des changements macroscopiques dans la structure de la turbulence [voir D. Ruelle, *Microscopic fluctuations and turbulence*, Physics Letters *72* A, 81-82 (1979)]. Le temps nécessaire pour passer des petites échelles de la turbulence aux grandes échelles est proportionnel au temps de retournement des plus grands tourbillons considérés (en suivant de nouveau la théorie de Kolmogorov et des arguments dimensionnels). On peut estimer qu'il faut quelques heures ou un jour pour atteindre l'échelle de quelques kilomètres. Passons maintenant au niveau de la circulation de l'atmosphère sur toute la planète : le temps nécessaire pour amplifier un petit changement de condition initiale à une situation globalement différente est estimé à une ou deux semaines par les météorologistes. [Les problèmes de météorologie dont il est ici question sont discutés dans M. Ghil, R. Benzi, and G. Parisi, *Turbulence and predictability in geophysical fluid dynamics and climate dynamics*. Soc. Ital. Fis., Bologna (et North Holland, Amsterdam), 1985.]

Les estimations qui viennent d'être présentées sont robustes, c'est-à-dire qu'elles ne dépendent guère des détails de la façon dont on fait les calculs (parce que les temps estimés sont des logarithmes, ou sont basés sur des arguments dimensionnels, et parce que les temps les plus longs sont déterminés par les échelles les plus grandes). Donc, si l'on peut par exemple mettre en doute l'usage de la théorie de Kolmogorov de la turbulence, on ne s'attend pas à ce qu'une autre théorie donne des résultats très différents.

3. J. Wisdom, *Chaotic behavior in the solar system*, Proc. Royal Soc. London 413 A, 109-129 (1987). Chaque astéroïde a autour du soleil une orbite elliptique, mais la forme de l'orbite change lentement à cause de l'attraction de la planète Jupiter. Ces changements de forme sont importants pour certaines valeurs résonnantes de la distance au soleil, ou plus précisément du demi grand axe de l'ellipse. (Le demi grand axe détermine la période de révolution par la troisième loi de Kepler, et quand la période de révolution de l'astéroïde est en résonance avec la période de révolution de Jupiter, cette dernière planète exerce un fort effet perturbateur sur l'astéroïde ; on dit qu'il y a résonance si les deux périodes ont un rapport $p/q$ où $p$ et $q$ sont des nombres entiers assez petits.) Les études par ordinateur montrent que dans le cas résonnant, il y a variation temporelle chaotique de la forme de l'orbite de l'astéroïde (c'est-à-dire du rapport du petit et du grand axe de l'ellipse). Quand ces variations sont telles que les astéroïdes croisent l'orbite de la planète Mars, ces astéroïdes disparaissent par collision, et un trou est formé dans la ceinture. Les calculs rendent ainsi compte du fait observé, que certaines résonances correspondent à des trous et d'autres non. Pour d'autres résultats concernant le chaos dans le système solaire, voir en particulier J. Laskar and P. Robutel, *The chaotic obliquity of the planets*, Nature *361*, 608-612 (1993).

4. Les premiers essais d'étude quantitative du chaos en biologie et dans

les sciences « molles » ont témoigné d'un optimisme excessif. En particulier, on pensait pouvoir déterminer la dimension de nombreux attracteurs associés à des phénomènes naturels en utilisant une méthode appelée *algorithme de Grassberger-Procaccia* [P. Grassberger and I. Procaccia, *Measuring the strangeness of strange attractors*, Physica D *9*, 189-208 (1983)]. Cette méthode donne de bons résultats quand on l'applique à des séries temporelles longues et de bonne qualité, mais pour les séries temporelles courtes, les résultats sont sans valeur [D. Ruelle, *Deterministic chaos : the science and the fiction*, Proc. Royal Soc. London *427* A, 241-248 (1990)]. Pour une autre idée, qui paraît prometteuse, voir G. Sugihara and R.M. May, *Nonlinear forecasting as a way of distinguishing chaos from measurement error in time series*, Nature *344*, 734-741 (1990).

### 13. Économie

1. Diverses études sur le problème de l'économie et du chaos sont réunies dans l'ouvrage suivant : P.W. Anderson, K.J. Arrow, and D. Pines, *The economy as an evolving complex system*, Addison-Wesley, Redwood City CA, 1988. Ce livre a pour origine une réunion à Santa Fe à laquelle participaient des économistes et des physiciens. Il est intéressant de noter que, d'une manière générale, les prétentions des économistes étaient beaucoup plus modestes que celles des physiciens. Voir aussi la précédente note 4, chapitre 12.

### 14. Évolutions historiques

1. W.B. Arthur, « Self-reinforcing mechanisms in economics », pp. 9-31 dans *The economy as an evolving complex system* (pour cette référence, voir la note 1, chapitre 13).

### 15. Les quanta : cadre conceptuel

1. R.P. Feynman, *QED*, Princeton University Press, Princeton, 1985. La présentation que donne Feynman de la mécanique quantique est assez différente de la présentation plus traditionnelle que nous discuterons, mais lui est en principe équivalente.

2. Rappelons qu'un *nombre complexe* est un objet mathématique de la forme $z = x + iy$, où x et y sont des *nombres réels* (comme 1,5 ou $\pi$ ou $-3$), et où le carré $i^2 = i \times i$ de i est $-1$. On peut calculer avec les nombres complexes comme on calcule avec les nombres réels. Le nombre *complexe conjugué* de z est $\bar{z} = x - iy$ ; on voit facilement que $z\bar{z} = x^2 + y^2$, et l'on écrit $|z|$ = racine carrée positive de $z\bar{z}$. Les nombres complexes sont un peu moins intuitifs à manier que les nombres réels, mais présentent

certains avantages techniques. Par exemple, les nombres complexes ont toujours des racines carrées (complexes).

3. *L'équation de Schrödinger*

Nous allons faire, dans cette note et les deux suivantes, un survol rapide de la mécanique quantique.

Rappelons d'abord l'équation de Newton de la mécanique classique (note 1, chapitre 5) :

$$m_j \frac{d^2xj}{dt^2} = F_j \quad \text{pour} \quad j = 1,...,N.$$

Nous allons supposer qu'il existe une fonction V de $x_1,...,x_N$ (appelée fonction *potentiel*) telle que

$$V_j = - \text{grad}_{(j)}V$$

où $\text{grad}(j)$ est le vecteur des dérivées par rapport aux composantes de la position $x_j$ de la j-ième particule. Pour le cas des interactions gravitationnelles, on trouve que

$$V(x_1,...,x_N) = - \gamma \sum_{j<k} \frac{m_j m_k}{|x_k - x_j|}$$

En mécanique quantique il y a une amplitude $\psi(x_1,...,x_N;t)$ pour trouver nos N particules aux positions $x_1,...,x_N$ (au temps t), et les amplitudes $\psi$ forment ce qu'on appelle la *fonction d'onde.* L'évolution temporelle de $\psi$ est obtenue en résolvant l'équation de Schrödinger

$$\frac{ih}{2\pi} \frac{\partial}{\partial t} \psi = - \frac{h^2}{8\pi^2 m} \sum_j \Delta_{(j)} \psi + V\psi$$

où i est la racine carrée de $-1$, h est une constante (la constante de Planck), et $\Delta_{(j)}$ est le Laplacien par rapport à $x_j$, c'est-à-dire que $\Delta_{(j)}\psi$ est la somme des dérivées partielles secondes de $\psi$ par rapport aux composantes de $x_j$.

On suppose que l'intégrale 3N-dimensionnelle

$$\int |\psi(x_1,...,x_N;t)|^2 dx_1...dx_N = 1$$

pour une certaine valeur de t ; cette propriété reste alors vraie pour toutes les valeurs de t.

4. Un opérateur linéaire A agissant sur une fonction $\varphi$ de $x_1,...,x_N$ produit une nouvelle fonction $A\varphi$ de ces variables, de sorte que l'on ait $A(c_1\varphi_1+c_2\varphi_2) = c_1A\varphi_1 + c_2A\varphi_2$ quand $c_1$ et $c_2$ sont des nombres complexes et $\varphi_1$, $\varphi_2$ des fonctions. Écrivons maintenant

$$(\varphi_1,\varphi_2) = \int \bar{\varphi}_1(x_1,...,x_N)\, \varphi_2\, (x_1,...,x_N)\, dx_1 \,...\, dx_N$$

où $\bar{\varphi}_1$ est le complexe conjugué de $\varphi_1$. (Nous utilisons toujours des fonctions $\varphi$ telles que $(\varphi,\varphi)$ soit fini.) Si l'opérateur linéaire A satisfait

$$(\varphi_1, A\varphi_2) = (A\varphi_1, \varphi_2)$$

alors on dit que A est *auto-adjoint*, et de tels opérateurs sont adéquats pour correspondre à des observables physiques.

Par exemple, l'observable A correspondant à la première composante $x_{j1}$ de la position de la j-ième particule est définie par

$$(A\varphi)\,(x_1,\ldots,x_N) = x_{j1}\varphi(x_1,\ldots,x_N)$$

(le produit de $x_{j1}$ et de $\varphi$). L'observable $v_j$ correspondant à la vitesse de la j-ième particule satisfait à

$$(v_j\varphi)\,(x_1,\ldots,x_N) = \frac{1}{m_j}\cdot\frac{h}{2\pi i}\,\mathrm{grad}_{(j)}\,\varphi(x_1,\ldots,x_N)$$

La valeur moyenne de A au temps t peut maintenant être définie, c'est

$$<A> = (\psi, A\psi) = \int \psi(x_1,\ldots,x_N;t)\,(A\psi)(x_1,\ldots,x_N;t)\,dx,\ldots dx_N$$

où $\psi$ est la fonction d'onde de notre système. (Nous avons donné la définition de la valeur moyenne pour *l'état vectoriel* défini par la fonction d'onde $\psi$. Il y a des valeurs moyennes plus générales définies par des *matrices densité*, et qui sont en correspondance plus étroite avec les distributions de probabilité de la théorie classique des probabilités.)

5. Si l'opérateur auto-adjoint A vérifie $A^2 = A$, on dit que A est une *projection*, et de tels opérateurs sont adéquats pour correspondre à des *événements simples*. Étant donné, deux opérateurs linéaires A et B, leur produit AB est l'opérateur linéaire tel que $AB\varphi = A(B\varphi)$ pour toute fonction $\varphi$. En particulier, si $AB = BA$, on dit que les opérateurs A et B *commutent*. Si deux projections commutent, leur produit AB est encore une projection ; cette projection est adéquate pour correspondre à l'événement « A et B » si A et B représentent les événements « A » et « B ». Si $AB \neq BA$, il n'y a pas de définition naturelle pour une projection correspondant à l'événement problématique « A et B ».

Un *événement complexe* qui décrit le déclenchement ou le non-déclenchement de plusieurs détecteurs correspond à un opérateur auto-adjoint qui n'est pas nécessairement une projection (mais qui est positif, c'est-à-dire que c'est le carré d'un opérateur auto-adjoint). Ici encore on peut définir « A et B » quand A et B commutent.

6. Pour être honnête, je dois dire que les idées de Bell ne sont pas tout à fait en accord avec celles que j'ai esquissées dans le présent chapitre. Voir J.S. Bell, *Speakable and unspeakable in quantum mechanics*, Cambridge University Press, Cambridge, 1987. (Ce volume, qui reproduit une collection d'articles de Bell a été très bien reçu par la communauté des physiciens.)

7. Voir la note 8 de la page 76 de *QED* (le livre dont notre note 1 donne la référence). La réduction des paquets d'onde est l'un des essais de mettre dans le formalisme mathématique de la mécanique quantique plus que ce qui est strictement nécessaire pour rendre compte des résultats expéri-

mentaux. Il n'y a rien à redire à de tels essais *tant qu'ils restent compatibles avec l'expérience.* D'autres manières d'élargir le cadre mathématique de la mécanique quantique ont été proposées par David Bohm (voir le livre de Bell, note 6) et par Robert Griffiths [R.B. Griffiths, *Consistent histories and the interpretation of quantum mechanics*, J. Statist. Phys. *36*, 219-272 (1984)].

**16. Les quanta : comptage d'états**

1. Une discussion technique sérieuse ajouterait un grain de sel à notre analyse : il est impossible de limiter strictement la position à un intervalle [0,L] et la vitesse à un intervalle $[-v_{max},v_{max}]$ si L et $v_{max}$ sont finis. (Techniquement, c'est parce que la transformée de Fourier d'une fonction d'onde $\psi$ à support compact ne peut avoir un support compact si $\psi \neq 0$.) On peut cependant s'arranger pour rendre très petites les probabilités que la position soit hors de [0,L] ou la vitesse hors de $[-v_{max},v_{max}]$. Les physiciens savent que les discussions où l'on utilise, comme nous l'avons fait, des petits rectangles, ne sont pas tout à fait correctes. Elles ont l'avantage d'être faciles, et de donner souvent la bonne réponse. Il faut cependant se souvenir que la mécanique quantique n'est pas simplement une théorie statistique basée sur les relations d'incertitude de Heisenberg, même si ce point de vue donne souvent pour les problèmes simples des réponses correctes.

2. Pour N particules dans un volume V avec une énergie cinétique totale au plus égale à $\mathcal{E}$ nous utilisons la formule

$$\text{nombre d'états} = \frac{1}{N!} S_{3N}\left(\frac{1}{h^3} V\ (2m\mathcal{E})^{3/2}\right)^N$$

C'est de nouveau un volume dans l'espace des phases, mesuré en unités de $h^{3N}$, et divisé par le nombre de permutations N ! pour tenir compte de l'indistinguabilité des particules. [h = 6,6 E − 34 Joules sec est la constante de Planck, $S_{3N}$ est le volume de la sphère de rayon 1 à 3N dimensions, et m est la masse d'une particule, ici m = 7 E − 27 kg, V = E − 3 m³, N = 2,7 E22.] Nous prenons $\mathcal{E} = 3NkT/2$ [k = 1,4 E − 23 Joules/degré Kelvin est la constante de Boltzmann, et T est la température absolue, ici 300 degrés Kelvin]. On obtient ainsi

$$\text{nombre d'états} \approx \frac{1}{h^{3N}}\left(\frac{V}{N}\right)^N (2\pi mkT)^{3N/2}\, e^{5N/2}$$
$$\approx 1E50000000000000000000000$$

Nous avons laissé de côté les problèmes des statistiques quantiques et du spin, ces problèmes n'étant pas essentiels pour la présente discussion.

## 17. Entropie

1. La *première loi de la thermodynamique* affirme que l'énergie est conservée dans tous les processus. (Pour que cela soit vrai, il faut tenir compte de toutes les formes d'énergie, y compris la chaleur.)

2. Nous verrons plus loin (chapitre 19) le fait suivant. Si nous regardons les états d'un litre d'eau pour lesquels l'énergie totale est inférieure ou égale à une certaine valeur $\mathcal{E}$, la plupart de ces états apparaissent macroscopiquement comme un litre d'eau à une certaine température (déterminée par $\mathcal{E}$). Si $\mathcal{E}_{I}$ est l'énergie d'un litre d'eau froide, et $\mathcal{E}_{II}$ l'énergie d'un litre d'eau chaude, la plupart des états de deux litres d'eau ayant une énergie inférieure ou égale à $\mathcal{E}_{I} + \mathcal{E}_{II}$ apparaissent macroscopiquement comme deux litres d'eau tiède. Il est vrai que certains de ces états apparaissent comme un litre d'eau froide plus un litre d'eau chaude, mais on peut calculer que le nombre d'états de deux litres d'eau à énergie $\leq \mathcal{E}_{I} + \mathcal{E}_{II}$ est beaucoup plus grand que le produit des nombres d'états d'un litre à énergie $\leq \mathcal{E}_{I}$, et d'un litre à énergie $\leq \mathcal{E}_{II}$.

## 18. Irréversibilité

1. *Ergodicité*

Nous allons considérer N atomes d'hélium dans un récipient d'un litre comme formant un système mécanique classique (les atomes d'hélium sont réfléchis par les parois du récipient, et nous pouvons aussi supposer qu'ils ont des interactions l'un avec l'autre). Pour chaque atome soit $x_i$ sa position et $mv_i$ le produit de sa masse par sa vitesse (= impulsion). La collection X des $x_i$ et $mv_i$ constitue un point dans l'espace des phases M de notre système. Après un temps t, X est remplacée par un nouveau point $f^tX$, et $f^tX$ a la même énergie totale que X. Appelons *couche d'énergie* l'ensemble $M_{\mathcal{E}}$ des X qui ont une énergie donnée $\mathcal{E}$. Le volume d'espace des phases (produit sur i des $dx_i$ et $mdv_i$) induit de manière naturelle un volume sur la couche d'énergie. Si A est un sous-ensemble de $M_{\mathcal{E}}$ et vol A son volume, alors

$$\mathrm{vol}(f^t A) = \mathrm{vol}\, A$$

c'est-à-dire que le volume est préservé par l'évolution temporelle. Une formulation précise demanderait un peu de soin (par exemple il faut supposer A mesurable), mais il n'y a rien jusqu'ici de très compliqué ou de très profond. Voici maintenant quelque chose de neuf. Nous disons que l'évolution temporelle sur la couche d'énergie $M_{\mathcal{E}}$ est *ergodique* si, quand un sous-ensemble J de $M_{\mathcal{E}}$ est invariant (donc $f^tJ = J$ pour tout t), alors nécessairement vol J = 0 ou vol J = vol $M_{\mathcal{E}}$.

Supposons que l'évolution temporelle $f^t$ est ergodique. Alors, pour presque toute condition initiale X, et pour chaque sous-ensemble A de $M_{\mathcal{E}}$, la fraction du temps passé par $f^tX$ dans A est vol A/vol $M_{\mathcal{E}}$. [Plus précisément, si (X,A,T) est la longueur du temps passé par $f^tX$ dans A pour $0 < t < T$, alors lim (X,A,T)/T = vol A/vol $M_{\mathcal{E}}$ quand $T \to \infty$ ; c'est une forme du *théorème ergodique*.] Ainsi, pour une évolution temporelle ergodique, les moyennes temporelles ont une relation simple avec les volumes dans la couche d'énergie, et c'est pourquoi l'ergodicité est si importante. Il est malheureusement très difficile de démontrer qu'un système mécanique est ergodique. L'ergodicité est prouvée dans le cas du billard de Sinai du chapitre 7, mais pour peu d'autres systèmes intéressants. Dans le cas de notre système d'atomes d'hélium, nous sommes réduits à espérer que l'« hypothèse ergodique » est correcte.

2. Dans le cas d'une évolution temporelle ergodique, nous pouvons comprendre l'irréversibilité comme conséquence des très longs temps de retour à une situation initiale macroscopique exceptionnelle. Mais on peut avoir des temps de retour longs même sans ergodicité. Un affaiblissement de l'hypothèse ergodique est donc possible, et peut être nécessaire pour certaines théories physiques. J'ai mentionné au chapitre 17 que la dépendance sensitive des conditions initiales était utile pour comprendre l'irréversibilité. Comment cela ? A vrai dire, la dépendance sensitive des conditions initiales n'est pas nécessaire pour l'ergodicité, mais elle est techniquement utile, et constitue par exemple le premier pas dans la démonstration de l'ergodicité du billard de Sinai.

Par ailleurs, si une évolution temporelle n'est pas ergodique, un peu de perturbation ou « bruit » poussera le système d'une composante ergodique à une autre pour peu que la couche d'énergie soit un ensemble connexe. Cet effet des petites perturbations (comme l'effet gravitationnel d'un électron à la limite de l'univers connu) agit efficacement quand il y a dépendance sensitive des conditions initiales, et aura pour résultat que même un système non ergodique paraîtra ergodique.

Tout ceci étant dit, il faut reconnaître que certains systèmes mécaniques refusent de se comporter de manière ergodique. En fait la théorie de KAM (A.N. Kolmogorov, V.A. Arnold et J. Moser) donne d'importants exemples de violation de l'ergodicité. (Pour une discussion générale de cette théorie, voir J. Moser, *Stable and unstable motions in dynamical systems*, Ann. Math. Studies 77, Princeton University Press, Princeton, 1973.) Par ailleurs, la simulation sur ordinateur de l'évolution temporelle de certains systèmes intéressants montre un comportement non ergodique.

3. I. Prigogine, *Physique, temps et devenir*, 2e éd., Masson, Paris, 1982. Incidemment, c'est une importante question de savoir comment et pourquoi notre univers a débuté avec si peu d'entropie. Une discussion de cette question ferait intervenir la théorie du big bang pour l'origine de l'univers, et nous entraînerait trop loin.

4. L'invariance des lois de la physique par inversion de temps ne pose de problème que pour les *interactions faibles* des particules élémentaires.

Pour ces interactions, l'opération T de renversement du temps n'est pas une symétrie exacte. Par contre, on pense que l'opération TCP, qui renverse aussi le temps, est une symétrie exacte. En fait, la majorité des physiciens n'estime pas que ces faits aient beaucoup d'importance pour comprendre l'irréversibilité qui s'observe au niveau macroscopique.

## 19. La mécanique statistique de l'équilibre

1. W. Fucks and J. Lauter, *Exaktwissenschaftliche Musikanalyse*, Forschungsberichte des Landes Nordrhein-Westfalen Nr. 1519, Westdeutscher Verlag, Köln-Opladen, 1965. Je dois à Karine Chemla de m'avoir indiqué cette référence.

2. Un des aspects de l'analyse en question, est ce qu'on appelle maintenant la théorie des *grandes déviations.* Voir D. Ruelle, *Correlation functionals*, J. Math. Phys. *6*, pp. 201-220 (1965) ; O. Lanford, *Entropy and equilibrium states in classical statistical mechanics*, pp. 1-113 in *Statistical mechanics and mathematical problems*. Lecture Notes in Physics Nr. *20*, Springer, Berlin, 1973 ; R.S. Ellis, *Entropy, large deviations and statistical mechanics*, Grundlehren der Math. Wiss. *271*, Springer, New York, 1985.

3. Le maximum de $S_I(\mathcal{E}_I) + S_{II}(\mathcal{E}_{II})$ quand $\mathcal{E}_I + \mathcal{E}_{II} = \mathcal{E}$ est le maximum sur $\mathcal{E}_I$ de $S(\mathcal{E}_I) + S(\mathcal{E} - \mathcal{E}_I)$, et ce maximum a lieu quand la dérivée par rapport à $\mathcal{E}_I$ s'annule. Ceci donne $S'_I(\mathcal{E}_I) - S'_{II}(\mathcal{E} - \mathcal{E}_I) = 0$, c'est-à-dire $T_I = T_{II}$.

## 20. L'eau bouillante et les portes de l'enfer

1. Si, au lieu d'eau, vous prenez du verre fondu et que vous le laissez refroidir, il deviendra de plus en plus visqueux jusqu'à être finalement du verre froid bien rigide et solide. Les physiciens vous diront cependant que ce verre froid n'est pas un solide normal : sa structure microscopique n'est pas en équilibre, et elle changera si l'on attend assez longtemps. (Ce changement n'est d'ailleurs guère appréciable durant une vie humaine.) Ce que cela signifie, c'est que les verres ne font pas partie du morceau de réalité qui est bien décrit par la mécanique statistique de l'équilibre.

2. Voir en particulier D. Ruelle, *Statistical mechanics, rigorous results*, Benjamin, New York, 1969 ; Ya G. Sinai, *Theory of phase transitions : rigourous results*, Pergamon, Oxford, 1982.

3. Voir par exemple D.J. Amit, *Field theory, the renormalization group, and critical phenomena*, 2e édition, World Scientific, Singapour, 1984, et les références données dans ce livre.

4. Un processus typique des fluctuations du vide est la création simultanée d'un électron et d'un positron et leur rapide disparition par annihilation mutuelle. La charge électrique se conservant, un électron ne peut

être créé ou disparaître seul. Des processus comme celui qui vient d'être mentionné sont étudiés en *électrodynamique quantique* (QED), et le livre de Feynman donne une introduction accessible à cette partie fascinante de la physique (voir la note 1, chapitre 15).

5. Un livre intéressant sur les trous noirs est le suivant : K.S. Thorne, R.H. Price, and D.A. Macdonald, *Black holes : the membrane paradigm*, Yale University Press, New Haven, 1986. C'est un livre technique, plein de formules compliquées, mais le fait que ces formules soient explicitées est important pour le physicien qui veut savoir de quoi une théorie a vraiment l'air, même s'il n'a pas l'intention de devenir lui-même un expert de ladite théorie. Une présentation beaucoup plus accessible est celle que Hawking lui-même a écrite pour le grand public : S.W. Hawking, *A brief history of time*, Bantam, London, 1988. Historiquement, c'est en fait Jacob Bekenstein qui s'est intéressé le premier à la notion d'entropie des trous noirs. Voir J.D. Bekenstein, « Black-hole thermodynamics », Physics Today *33*, 24-31 (1980).

**21. Information**

1. Comme le virus du SIDA est un virus à acide ribonucléique, les quatre lettres ne sont pas A,T,G,C originellement, mais une copie dans cet alphabet est effectuée par la transcriptase inverse.

2. Pour une famille de messages ayant des probabilités $p_1$, $p_2$,..., la quantité moyenne d'information d'un message est donnée par

$$\text{quantité moyenne d'information} = - \sum_i p_i \log p_i$$

S'il y a N messages de probabilité 1/N chacun, la quantité moyenne d'information est donc log N. Dans beaucoup de cas, le *théorème de Breiman-McMillan* réduit l'étude de messages ayant des probabilités différentes à l'étude de messages équiprobables. Pour une bonne discussion technique de la théorie de l'information, incluant le théorème de Breiman-McMillan, voir P. Billingsley, *Ergodic theory and information*, John Wiley, New York, 1965.

3. C. Shannon, *A mathematical theory of communication*, Bell System Tech. J. *27*, pp. 379-423, 623-656 (1948).

4. Pour étudier l'information contenue dans une mélodie, on aimerait utiliser les statistiques correspondant à des groupes de 2, 3, 4... notes consécutives. Mais les intervalles entre deux notes consécutives fournissent facilement une borne supérieure pour la quantité d'information.

5. Voir la référence dans la note 1, chapitre 19. Bien entendu, il faut comparer des mélodies de la même longueur, ou diviser par la longueur de la mélodie.

6. Dans toute discussion spécifique, il faut préciser la famille des

messages permis, par exemple des peintures rectangulaires de couleur uniforme. (Cette classe contient peu d'information, car on peut seulement choisir les dimensions du rectangle, et une couleur particulière, et que le nombre de choix qui peuvent être distingués n'est guère élevé.) Il peut être difficile de spécifier explicitement la famille de messages permis dans une forme d'art donnée (comme la « peinture abstraite »), mais on sent généralement assez bien s'il y a beaucoup de choix possibles (comme pour un roman) ou peu (comme pour un sonnet).

### 22. Complexité algorithmique

1. Voir M.R. Garey and D.S. Johnson, *Computers and intractability*, Freeman, New York, 1979. C'est la référence standard sur la complexité algorithmique, et nous en suivons ici la terminologie. Cet ouvrage contient en particulier une discussion des machines de Turing.

2. Des algorithmes efficients pour la programmation linéaire ont été inventés par L.G. Khachiyan et (de manière plus utilisable pratiquement) N. Karmarkar. Voir la note 2, chapitre 6, pour la formulation d'un jeu fini binaire de somme nulle comme problème de programmation linéaire.

3. Le sigle NP signifie *Nondeterministic Polynomial*. Ceci correspond au fait, discuté plus loin dans le texte, qu'une réponse positive peut être vérifiée en temps *polynomial* si un oracle *(non déterministe)* vous fournit un bon tuyau. Les problèmes *NP complets* sont tous également difficiles : si vous pouvez en résoudre un, vous pouvez les résoudre tous, d'où la qualification de *complet*.

4. Pour les verres de spin et les systèmes désordonnés, voir M. Mézard, G. Parisi, and M.A. Virasoro, *Spin glass theory and beyond*, World Scientific, Singapore, 1987. Le problème du verre de spin, tel que nous l'avons défini ici, n'est pas discuté dans Garey and Johnson (note 1), mais il est voisin de SMC (« Simple Max Cut ») qui est NP complet.

5. La structure en arbre de l'évolution naturelle est semblable à la structure en arbre des *vallées* dans la solution de Parisi du modèle des verres de spin (la solution de Parisi est décrite dans *Spin glass theory and beyond*, note 4). Cette analogie semble se maintenir au niveau quantitatif [voir H. Epstein and D. Ruelle, *Test of a probabilistic model of evolutionary success*, Physics Reports *184*, 289-292 (1989)].

### 23. Complexité et théorème de Gödel

1. J'ai entendu raconter cette histoire par R.V. Kadison.

2. Pour s'orienter dans l'œuvre de Freud, le livre suivant est très utile : J. Laplanche et J.-B. Pontalis, *Vocabulaire de la psychanalyse*, PUF, Paris, 1967.

3. Quand on dit qu'une assertion ne peut être ni démontrée, ni contredite

à partir d'un système d'axiomes, mais qu'elle est vraie, qu'entend-on par là ? Pour le comprendre, il faut saisir la nature du jeu que l'on joue en logique mathématique, et qui s'appelle *métamathématique*. Les mathématiciens ont diverses théories A, B... basées chacune sur un système d'axiomes dont on pense qu'il ne mène à aucune contradiction. Ainsi, A pourrait être une présentation axiomatique de l'arithmétique des nombres entiers, et B de la théorie des ensembles. (Gödel a montré qu'on ne pouvait pas prouver que les systèmes d'axiomes du genre utilisé par les mathématiciens étaient non contradictoires. Une certaine foi est donc nécessaire ici. Mais la plupart des mathématiciens sont convaincus que le système d'axiomes de l'arithmétique ou de la théorie des ensembles qu'ils utilisent ne produira jamais de contradiction.) Les axiomes, théorèmes et règles d'inférence de la théorie A peuvent maintenant être vus comme des objets mathématiques auxquels on peut appliquer la théorie B. On aborde ainsi la théorie A *de l'extérieur*, si l'on peut dire, et cela permet d'obtenir des résultats qui seraient inaccessibles *de l'intérieur*. C'est le jeu métamathématique, et il est assez subtil. Mais si l'on croit à la non-contradiction de A (et de B), des conséquences comme le théorème d'incomplétude de Gödel sont inévitables.

4. R.J. Solomonoff, *A formal theory of inductive inference*, Inform. and Control, *7*, 1-22, 224-254 (1964) ; A.N. Kolmogorov, *Trois approches à la définition du concept de quantité d'information*, Probl. Peredachi Inform. *1*, 3-11 (1965) ; G.J. Chaitin, *On the length of programs for computing finite binary sequences*, J. ACM, *13*, 547-569 (1966). Voir aussi G.J. Chaitin, *Algorithmic information theory*, Cambridge University Press, Cambridge, 1987 ; G.J. Chaitin, *Information, randomness, and incompleteness*, World Scientific, Singapore, 1987.

5. Voir le théorème 2 de l'appendice dans G.J. Chaitin, *Information-theoretic computational complexity*, IEEE Trans. Inform. Theory, IT-20, 10-15 (1974). Cet article est reproduit (pp. 23-32) dans *Information, randomness, and incompleteness* (voir note 4).

6. Voir M. Davis, Y. Matijasevic, and J. Robinson, *Hilbert's tenth problem. Diophantine equations : positive aspects of a negative solution*, pp. 323-378, in *Mathematical developments arising from Hilbert problems*, Proc. Symp. pure Math. XXVII, Amer. Math. Soc., Providence, R.I., 1976.

7. Voir le livre *Algorithmic information theory* de la note 4. La suite de Chaitin ne devient en fait aléatoire qu'après un nombre fini de termes.

8. Pierre Cartier a suggéré qu'en fait les axiomes de la théorie des ensembles conduisent à une contradiction, mais que les développements logiques nécessaires pour le montrer sont tellement longs qu'ils ne trouveraient pas place dans notre univers physique ! De manière plus orthodoxe, on peut imaginer que de nouveaux développements de la logique mathématique, quoique compatibles avec ce qui est actuellement accepté, jetteront une lumière nouvelle sur les fondements de la mathématique.

**24. La vraie signification du sexe**

1. On peut supposer que le nombre de descendants de première génération d'un message est proportionnel à exp $\mathcal{E}$ (message), et permettre des mutations d'un message à des messages très voisins. Le principal défaut de ce modèle (ou de cette métaphore) de la vie est qu'il ne tient pas compte de la dynamique des relations entre un message et les messagers de même espèce ou d'espèce différente (c'est-à-dire que l'on ne tient pas compte de la dynamique des populations).

2. Le plus simple, du point de vue mathématique, est de penser à des mutations ponctuelles (bien que d'autres types de mutation aient une grande importance pour l'évolution). Les mutations ponctuelles correspondent à un cheminement aléatoire dans un environnement aléatoire fourni par la fonction $\mathcal{E}$. L'hypothèse que le nombre de descendants de première génération d'un message est proportionnel à exp $\mathcal{E}$ (message) entraîne que les grandes valeurs de $\mathcal{E}$ sont favorisées. Les cheminements aléatoires dans un environnement aléatoire sont connus pour être très lents, en effet, pour aller d'une montagne à une autre, il faut d'abord descendre, ce qui est un processus très improbable. [Voir Ya. G. Sinai, *Comportement asymptotique des cheminements aléatoires unidimensionnels dans des environnements aléatoires*, Teor. Verojatn. i ee Primen. *27*, 247-258 (1982) ; E. Marinari, G. Parisi, D. Ruelle, and P. Windey, *On the interpretation of 1/f noise*, Commun. Math. Phys. *89*, 1-12 (1983) ; R. Durrett, *Multidimensional random walks in random environments with subclassical limiting behavior*, Commun. Math. Phys. *104*, 87-102 (1986).] Le cheminement aléatoire a donc tendance à être piégé au sommet de petites montagnes. On peut éviter ce piégeage en augmentant le taux de mutation, mais une telle augmentation est sévèrement limitée par la nécessité de garder des messages génétiques qui aient un sens. En fait, quand on passe des organismes simples avec de courts messages génétiques aux organismes complexes avec de longs messages, on trouve que les mécanismes de reproduction du message sont de plus en plus précis, réduisant les mutations à des niveaux de plus en plus bas. C'est bien, d'après la théorie de l'information, ce à quoi l'on doit s'attendre. [Voir M. Eigen and P. Schuster, *The hypercycle, a principle of natural self-organization*, Springer, Berlin, 1979.] Tout cela explique que l'évolution utilise bien d'autres astuces que les mutations ponctuelles (accroissement ou perte de matériel génétique, sexe et symbiose sont importants pour l'évolution).

3. Le sexe, sans être universel, est assez commun parmi les organismes vivants. La recombinaison génétique, qui est un processus sexuel, existe chez certaines bactéries. Cela ne veut pas dire qu'il y ait toujours deux

genres différents (ceci est une innovation moins essentielle, quelque importante qu'elle puisse être à nos yeux).

4. Il est généralement accepté que le sexe aide l'évolution, mais il y a des opinions contraires. Voir L. Margulis and D. Sagan, *Origins of sex*, Yale University Press, New Haven, 1986.

5. R. Dawkins, *The selfish gene*, Oxford University Press, Oxford, 1976; trad. fr. *Le Gène égoïste*, Paris, Odile Jacob, coll. « Opus », 1996.

6. La terre s'est formée il y a 4,5 E9 années, et l'on trouve des traces de vie dans des roches vieilles de 3,5 E9 années. A l'échelle de l'âge de la terre, il semble que la vie est apparue aussitôt que les conditions de l'environnement l'ont permis. Remarquons en passant que la fonction & (message) était assez différente à l'époque de la création de la vie de ce qu'elle est devenue maintenant.

### 25. Intelligence

1. D. Marr, *Vision*, Freeman, New York, 1982.

2. Les processus auxquels Freud s'intéresse sont ceux de l'*esprit*.

3. C'est évidemment une idéalisation que de voir notre monde comme tridimensionnel, et contenant des objets limités par des surfaces. Les scientifiques utilisent bien d'autres idéalisations, mais celle-là a été particulièrement encouragée par l'évolution, et est câblée dans nos cerveaux. C'est une idéalisation qui nous a bien servi, tant pour la survie que pour le développement de la géométrie et des autres sciences.

4. E. Wigner, *The unreasonable effectiveness of mathematics in the natural sciences*, Comm. pure appl. Math. *13*, 1-4 (1960).

### 26. Épilogue : la science

1. Un essai curieux et intéressant doit ici être mentionné : R. Penrose, *The emperor's new mind*, Oxford University Press, New York, 1989. C'est à la fois un exposé brillant d'idées scientifiques modernes, et un plaidoyer passionné et détaillé. L'auteur suggère que les lois de la physique doivent être altérées de manière à pouvoir rendre compte du phénomène de la conscience, et de la conviction introspective que notre esprit ne fonctionne pas comme un ordinateur. Clairement, les lois de la physique doivent être altérées pour tenir compte de la gravité quantique, mais je doute très fort que cela se fasse en accord avec les idées de Penrose. Lorsqu'il s'agit de conscience et de certitudes introspectives, il faut se rappeler toujours quelle force et quelle habileté notre esprit met à se tromper lui-même. Parmi les enseignements de la psychanalyse, celui-là au moins mérite de n'être pas rejeté à la légère.

# Table

Achevé d'imprimer par SAGIM en février 2010
sur rotative Variquik à Courtry (Seine et Marne)

N° d'impression : 11800
N° d'édition : 7381-2388-X
Dépôt légal : mars 2010
*Imprimé en France*

L'imprimerie Sagim est titulaire de la marque Imprim'vert® depuis 2004